軍拡国家

望月衣塑子

角川新書

はじめに

私が初めて刊行した本は2016年の『武器輸出と日本企業』だ。当時、産休から復帰した私は経済部の記者として14年に解禁された武器輸出の問題をテーマに定めて追っていた。

戦後70年が経とうとしていた。歴代政権が守ってきた武器輸出の制限を、安倍晋三政権が解禁した後の混乱を、防衛省、防衛企業、下請けの企業などを取材してまとめたものだ。

武器輸出が解禁になった当時、私が取材した防衛省の役人や防衛企業、中小企業の経営者など、現場の人たちもまだまだ慎重さを持っていると感じた。

欧米の世界的大手軍事企業の幹部からはこんなふうに言われていた。

「望月さんが思っているような方向で日本の武器輸出は進まない。こちらから見ればじれったいほど動きが鈍く、防衛省も日本の防衛企業もやる気がない。そう簡単に武器輸出大国に日本がなっていくわけがない。安心していいから」

その後どうなったか——安倍政権は、安保法制を成立させて集団的自衛権の行使を認め、台湾有事などを想定した外国軍隊との協力体制作りにかじを切った。

「ハト派」の岸田文雄内閣では少しは軍拡の流れが収まるかと期待したが、残念ながら間違いだった。政治取材が長く、岸田氏への直接取材を重ねてきた時事通信の山田惠資解説委員からは「岸田さんの安全保障や軍事に対する考え方は、みなさんのイメージよりもずっと右です」と教えてもらっていたが、本当にその通りだった。

実際、武器輸出政策に関しても、岸田政権下で一変した。22年12月の安保三文書の閣議決定と、23年12月の「防衛装備移転三原則」とその運用指針の改定。詳しくは本書で追っていくが、こうした決定で日本は戦後初めて、殺傷能力のある武器の完成品を輸出することが可能になった。

その後を引き継いだ石破茂氏はどのような防衛政策を進めるのだろうか。

岸田氏が退陣表明する半月前の8月初頭。私は、キャスターを務めるオンラインメディア「Arc Times」に石破氏を誘った。石破氏の持論である「憲法9条2項（戦力不保持）の削除と、『国防軍』の明記」について、考えを聞きたかったからだ（このときは総裁になるとは思っていなかったが）。

石破氏はその理由を次のように説明した。

「『必要最小限の防衛力だから軍隊でない』という理屈は、世界では通用しない」

「日本の独立と平和、国際社会の平和と安全のため『陸海空軍』としてきちんと憲法に書く。（自衛隊には）最高の規律と最高の名誉が必要で、国会、内閣、裁判所によってしっかり統制されないといけない」

24年は、自衛隊の不祥事が相次ぎ、規範意識やモラルの低下が深刻になっていた。船舶の「特定秘密」情報を資格のない隊員でも閲覧できたり、潜水手当を不正に受給したりする違反行為があったとして防衛省は7月、事務次官や制服組トップの統合幕僚長ら幹部を含めた計218人を処分した。また防衛企業大手の川崎重工業が契約外の物品購入を40年前から始めていたことも明らかになった。朝日新聞によれば23年度までの6年間で17億円もの架空取引があったという。

驚いたのだが、処分につながった自衛隊の潜水手当の不正について、木原稔（きはらみのる）防衛大臣（当時）には半年以上も報告がなかったという。事務次官にも上がらず、局長止まりになっていた。

石破氏の口からはこんな本音もこぼれていた。

「25万人の自衛官を統制する『シビリアンコントロール』を担う政務三役は、大臣含めて4人しかいない。なかなか大変だった」

「いつから（今回のように）大臣に報告がいかなくなったのか」

その石破氏は歴代総理ではじめて日米地位協定の見直しを公約に掲げて総裁選を戦ったが、ドナルド・トランプ次期大統領が応じるかといえば、見込みは極めて薄いと私は考えている。

かつて米通商代表部で日本・中国を担当したグレン・S・フクシマ氏に話を聞いたところ、「トランプ氏再選で、防衛費負担や貿易交渉において、日本はより厳しい局面を迎えるだろう」と予測を語ってくれた。

トランプ氏は1期目で、在日米軍の駐留経費として約4倍増となる年間約8500億円を要求してきたが、バイデン政権になって日本側が押し返し、2110億円で妥結した。その点について、フクシマ氏はこう警戒する。

「トランプ氏はさらなる在日米軍基地の負担を求めてくるだろう。そんな状況で『地位協定見直し』と言えるだろうか。逆に米国に有利な内容に『見直される』恐れがある。交渉はリスクが高い」

差別や不平等が進めば、沖縄をはじめとする在日米軍基地を抱える地域が、さらに虐げられてしまう。

私は19年から21年にかけて、与那国(よなぐに)島や宮古(みやこ)島など、国境の島々を取材した。美しい自然の島の公道を戦車が走り、ミサイル部隊の配備が計画され、島民に隠したまま弾薬庫が作られていく。穏やかに暮らす人々が東京の政治に翻弄されるさまを目の当たりにし、やりきれない思いを抱いた。

23年末には、沖縄県内で少女をわいせつ目的で誘拐し、16歳未満と知りながら不同意性交をしたという罪で、那覇地検は嘉手納基地の米空軍兵長を起訴した。那覇地裁は24年12月に懲役5年（求刑懲役7年）の実刑判決を下した。

この事件が発覚した際、米軍は1997年に日米両政府で合意していた「事件・事故発生時における通報手続き」を踏まず、日本側（外務省、沖縄防衛局）に事件を連絡しなかった。県や県民が事件を把握したのは発生から半年後の地元紙報道だ。95年に沖縄の小学生が米兵3人に暴行される事件が発生したことが、日米合意のきっかけとなった。その経緯を考えれば、信じがたい。米軍も日本政府もなし崩し的に基地周辺住民を軽視しているのではないかと思える。

もう一度、冷静に考えてほしい。自国民の安全や財産を犠牲とし、不平等な関係のうえにたった安全保障や国際協力など、あり得るのだろうか。理屈としておかしいのではないか。これが独立国家なのだろうか。

武器輸出や安全保障といっても、ふだんの生活からは想像しにくいかもしれない。しかしながら、私たちがよく知る有名企業が防衛装備品という武器を製造し、5年間で43兆円もの税金が充てられようとしている。実は身近な問題であると私は考えている。

本書が『武器輸出と日本企業』以降の安全保障の状況と、課題の整理に役立てばと思う。

目次

第三章 防衛産業の拡大を後押しするメディア 109

第四章　要塞化が進む南の島々　139

編集協力　藤江直人／図版作成　小林美和子

本書で紹介する日本の武器や安全保障をめぐる主な動き

年月	出来事
1967年	佐藤栄作首相が「武器輸出三原則」を表明。共産諸国、国連決議により武器等の輸出が禁止されている国、国際紛争の当事国またはその恐れのある国へ向けては輸出を認めない。
1976年	三木武夫首相が政府統一見解として、「平和国家の立場から、三原則の禁輸国以外も武器の輸出を慎む」と表明。「武器輸出三原則」とあわせて、「武器輸出三原則等」といわれる。
1983年1月	中曽根康弘政権下で、後藤田正晴官房長官が、「アメリカの要請により、アメリカに武器技術を供与する途を開く」と武器輸出三原則の緩和を表明。
	小泉純一郎政権下、野田佳彦政権下などでも「例外」が設けられ、一部の武器が輸出される。
2013年12月	安倍晋三政権は「例外の例外」として、南スーダンのPKO部隊の韓国軍に対して、弾薬1万発を無償譲渡すると発表。
2014年4月	安倍政権は「防衛装備移転三原則」を閣議決定。基本的に武器の輸出を認め、禁止する条件を定めた。これまでと180度異なる見解。
7月	地上配備型の迎撃ミサイル部品をアメリカへ輸出することと、F35戦闘機搭載のミサイル技術に関するイギリスとの共同研究を承認。
2015年9月	安全保障関連法が成立。集団的自衛権の行使が可能に。
2020年8月	三菱電機がフィリピン国防省と契約し、警戒管制レーダーの輸出が決定。完成した武器の輸出は初めて。
2022年12月	岸田文雄政権が「安保三文書」を閣議決定。「敵基地攻撃能力の保有」が明記される。また、23年度から5年間の防衛費を総額43兆円にすると閣議決定。
2023年10月	防衛生産基盤強化法が施行。
12月	岸田政権下で、「防衛装備移転三原則とその運用指針」が改定。殺傷能力のある武器の完成品の輸出が可能に。また、地対空ミサイル「パトリオット」をアメリカに輸出すると決定。
2024年3月	岸田政権は、日本がイギリス、イタリアと共同開発している殺傷能力が高い次期戦闘機の第三国への輸出解禁を決定。

第一章
武器輸出解禁からの10年

戦後初めての、殺傷能力のある武器の輸出

質問を繰り返しながら、怒りよりも焦りが募っていた。私たちが住むこの国のあり方が根幹から変えられようとしている……新聞記者というよりも日本に住む一人の人としてやりきれない思いに駆られてきた。

年の瀬が迫る2023年12月26日。首相官邸で午前中に行われた内閣官房長官の定例会見のことだ。私は、武器輸出ルールを定める「防衛装備移転三原則とその運用指針」が改定された件について林芳正（はやしよしまさ）内閣官房長官に質（ただ）した。

岸田文雄政権はその4日前に防衛装備移転三原則を閣議で、運用指針を国家安全保障会議（NSC）の閣僚会合でそれぞれ改定。国家安全保障会議ではさらに、自衛隊が保有する地上配備型の迎撃ミサイル、パトリオットをアメリカへ輸出する方針も決めていた。

東京新聞は翌日の朝刊一面で「殺傷武器輸出　可能に」という大見出しとともに、未来への懸念を込めて政権の動きを報じた。殺傷能力のある武器の完成品を輸出するのは、平和国家を謳（うた）ってきた日本の歴史上で初めてのことだ。

日本は戦後、「紛争当事国や共産圏には武器を輸出しない」などとした武器輸出禁止三原則を堅持してきたが、2014年の第二次安倍政権でその方針が大幅に見直され、武器の共同開発や輸出を促す方向性が決まった。国の武器輸出政策が大きく変質したことになる。と

はいえ、このときは憲法9条を前提として「殺傷能力のある」兵器は、輸出しないという限定がついた。

しかし、その限定さえも外した武器輸出の解禁を岸田政権が決めたのだ。

私はまず、林官房長官に対して、パトリオット輸出の件を問い質した。

「殺傷能力のある武器の輸出が、防衛装備移転三原則とその運用指針の改定で認められました。さまざまな批判の一つに、ライセンス生産品としてアメリカから武器の提供を要求され、パトリオットの輸出を決めた点があります。紛争国そのものには改定後も輸出しないとされていますが、はっきり言うとアメリカはウクライナに大量の兵器を提供しているので、結果として日本が間接的に紛争を助長すると指摘されています。政府としてどのように説明をするのか。そこをお聞かせください」

ロシアとの全面戦争下にあるウクライナへ武器を提供しているアメリカは、国内で不足する武器の穴埋めとして日本にパトリオット輸出を要請していた。アメリカの国内で必要な武器を補えれば、ウクライナへ提供できる余地も広がる。第三国から見れば、日本が間接的にウクライナを軍事支援していると受け止められるのではないか。

私の質問に対し、官僚からメモを受け取った林官房長官は淡々とした口調で答えている。

「日本政府は米国との間で、本件移転（パトリオットをアメリカに輸出すること）は我が国の安全保障及びインド太平洋地域の平和と安定に寄与するものであり、移転されるパトリオットは米軍のみによって使用され、第三者には移転されないと確認済みであります。このため、ウクライナで使用される状況は想定されていません。ゆえに今般の移転がウクライナ支援にはならないと申し上げておきたいと思っております」

林官房長官の答えを額面通り受け取るわけにはいかない。すかさず挙手し「関連で」と質問を重ねた。

「そのように言いますけど、ウクライナへミサイルを大量供給しているアメリカのミサイル量が減っている。日本の迎撃ミサイルも数としては足りていないとされるなかで、それでもアメリカにミサイルを提供する。これではウクライナの戦争に、間接的に関わっているととらえられても仕方がないのではないでしょうか。

問題は、これが憲法第9条との兼ね合いで整合性が取れるのか。また、今回の改定は国会審議をまったく経ずに決められています。（中略）冒頭以外はすべて非公開で、議事録も公開されていません。このような非常に非民主的な手続きのなかで、これほど重要なことを決めてしまった。批判がたくさん出ておりますけれども、どう思われるかをお答えください」

林氏は内閣府職員に目で合図し、急ぎでメモを受け取ると、最初の質問に対して「前段は先ほどお答えした通りです」とそっけなく返した。

二つ目の質問に対しては次のように答えている。

「後段については、防衛装備移転三原則は外為法の運用基準であり、三原則及び運用指針はそれぞれ閣議及び国家安全保障会議で決定され、策定の見直しは行政権に属するものと考えています。（中略）防衛装備品の海外への移転は国家安全保障戦略に記載されているように、特にインド太平洋地域における平和と安定のために、力による一方的な現状変更を抑止して、我が国にとって望ましい安全保障環境の創出や、国際法に違反する侵略を受けている国への支援などのための重要な政策的手段として位置づけております」

具体的な国名こそ明言していないものの、中国の脅威に対抗するための改定だったというのが伝わってくる。

さらに林氏は、武器の輸出に関する審査は財務省と経済産業省が共同所管し、日本銀行が一部事務を担う外為法（外国為替及び外国貿易法）に基づいて実施されると強調。法律の改正を伴わないため、立法府である国会における審議は必要ないと説明した上で次のように続けている。

「防衛装備移転三原則においては、平和国家としての基本理念を引き続き堅持していくとなっておりまして、今般の制度の見直しにおいてもこの点は変わりません。いずれにしても、我が国の政策について国民のみなさまのご理解を得ることは非常に重要だと考えておりますので、政府の方針については国会における質疑などを通じて適切に説明していきたいと考えております」

言葉こそ明瞭だが、私が尋ねたことには何一つ答えていない。官房長官会見はいつも暖簾に腕押しだが、簡単に引き下がれない。

司会進行役の広報室長が「この後の日程がありますので、最後でお願いします」と言葉をはさんできた。

私は「では、最後で」と手を挙げた。

「（前略）アメリカでは武器輸出管理法で、武器を輸出する際には議会での報告と承認が原則必要と定められています。日本でも武器輸出が今後も拡大していくのであれば、やはりその都度、是非を判断できるように国会に関与させていく、という状況が必要だと思うのですが、いかがでしょうか」

軍産複合体国家であるアメリカは、ロッキードマーティン社ほか、名だたる軍事企業をしたがえウクライナやイスラエルはじめ、紛争当事国に対し、年に合わせて十兆円規模の軍事支援を行っている。

そんなアメリカでさえ、議会での報告と承認が原則必要と定められている。日本にはその仕組みがない。国権の最高機関である国会をなぜ関与させないのか、怒りを込めてぶつけた。

しかし、林氏は表情をほとんど変えずに、ほぼ同じ答弁を繰り返した。

「先ほど申し上げた通り、防衛装備移転三原則は外為法の運用基準であり、三原則及びその運用指針はそれぞれ閣議また国家安全保障会議で決定されていて、策定見直しは行政権に属するものと考えております。いずれにしても、我が国の政策について国民のみなさまのご理解を得るということは重要であると考えていますので、政府の方針については国会における質疑などを通じて、適切に説明してまいりたいと考えております」

写真１‐１　アメリカのレイセオン・カンパニーが開発した地対空ミサイルシステム、パトリオット（写真　航空自衛隊HP）

国内のパトリオットは全然足りていない

記者会見を切り抜け、国会での厳しい質疑をやりすごし、日本政府はパトリオット輸出に成功したが、足元を見れば自衛隊が保有するパトリオット（写真１‐１）は必要とされる量にまったく足りていない。

防衛省は22年10月、パトリオットが

必要量の6割しか確保できていないとの試算を発表。この不足などを理由に、5年間で総額43兆円の防衛力整備計画を22年末に決めたのだ。日本のパトリオットの数が十分でないのに、なぜアメリカの要望に応えて出さなければならないのか。

木原稔防衛相は、パトリオットの自衛隊保有数が必要量の約4割不足していると試算しながら、アメリカへの輸出を決めたことの整合性を問われると「足りているか足りていないかを現時点で答えるのは難しい。移転する数量は今後決める」（23年12月26日の会見）と述べ、明確な答弁を避けた。

理由については、「日本にとって日米同盟は基軸であり政策の一貫性はある」と答えたのみ。私には日本の防衛よりアメリカの防衛を優先するかのように聞こえた。

木原防衛相は、アメリカに輸出するパトリオットの多くは、戦闘機や巡航ミサイルを迎撃する旧型（PAC2）だと説明し、弾道ミサイルに特化した形態（PAC3）も輸出するものの数量を抑えることで「日本の防衛に穴をあけることがないようにしたい」と強調している。

提供を受けるアメリカは歓迎しただろうが、ロシアなどは強く反発するなど、世界の受け止めはさまざまだった。

たとえばイギリスの公共放送局、英国放送協会の「BBCニュース」は、防衛装備移転三原則及び運用指針の改定と、さっそくそれらが運用されたアメリカへのパトリオット輸出決定を、速報で次のように報じた。

「日本は自ら葛藤を繰り返した末に、長年の平和主義政策から転換した」

ロイター通信は、ウクライナへ全面侵攻しているロシアが日本に対して警告を発したと伝えている。パトリオット輸出が間接的にウクライナを利する可能性がある、と受け止めたロシアのマリア・ザハロワ報道官が定例会見でこんな言葉を残したからだ。

「日本は武器輸出について制御を失い、アメリカ政府はやりたい放題となった。実際にロシアへの敵対行為と解釈されれば、二国間関係において日本は重大な結果を負う」

世界から懐疑的な視線を向けられていながら、岸田政権の説明は、24年へと年が明けてからも行われなかった。

「兵器を輸出して金をかせぐほど落ちぶれてはいない」

日本政府は戦後、武器の輸出に慎重だった。長年にわたって堅持してきた武器輸出三原則は、「武器輸出禁止三原則」とも呼ばれていた。

原型が初めて定められたのは1967年4月の衆議院決算委員会だ。答弁に立った佐藤栄作首相が表明した方針が、後に武器輸出三原則として位置づけられた。具体的には次の3項目だ。

①共産圏諸国への武器輸出は認められない
②国連決議により武器等の輸出が禁止されている国への武器輸出は認められない
③国際紛争の当事国または、その恐れのある国への武器輸出は認められない

日本政府の統一見解となったのが76年2月の衆議院予算委員会だった。三木武夫首相が自ら読み上げた三カ条とともに、すべての武器輸出が実質的に禁止された。

①三原則対象地域については武器の輸出を認めない
②三原則対象地域以外の地域については、武器の輸出を慎む
③武器製造の関連設備の輸出については、武器に準じて取り扱う

後に総理大臣を務める三木内閣の宮澤喜一外務大臣の国会答弁には、武器輸出三原則に込められた日本の平和国家としての理念と信念、哲学が反映されていた。その全文を別掲したので読んでみてほしい（図1-1）。

（前略）さてしかし、その兵器の輸出ということですが、わが国は御承知のように武器三原則というものがあり、その際どのようなものを武器というかということについては、先般統一見解を予算委員会を通じましてお示しをいたしてございます。で、それに当たるものは、やはりわが国としては輸出をしないというのが本当であるというふうに、いまだに私は考えております。

ただ、そのような哲学を持っているのは恐らくわが国だけと言ってもいいぐらい世界の中では少数であって、売る方、買う方、おのおの兵器というものについての哲学はわれわれとは全く異なります。そして、買う方は、恐らく国の安全とか――その国と言うときの考え方も実はいろいろだと思いますけれども、プレスティージとかいうことで買う。これが第一のプライオリティーだと考えているようでありますし、また、供給する方の側は、兵器産業というものがある意味でその国の経済体質の中にもうはっきり組み込まれておって、そこに罪悪感というものは伴っていないというのが現状だと私は思うのです。

むろん、経済政策的に言えば、兵器産業、兵器の生産とかあるいは兵器の購入とかいうものはいわゆる非生産的なものでありますから、本当はそういう姿では経済発展というものには余り寄与しないという問題があることは、永末委員もよく御承知のとおりですが、そう申してみても、いまの現状というものはわが国が言ったとてなかなか簡単に変わるものではない。少し遠いことを申せば、わが国のようないわゆる軍備らしい軍備を放棄したという国が歴史上繁栄していく、そういうパターンというものが示せれば、長い時間がたてばこれは一つのいい教訓になってくるかもしれないと思いますけれども、これは時間のかかることであるというようなことから考えますと、どうも残念ながらこのような兵器をめぐる取引というものは現実として考えざるを得ない。

そこで、わが国がそこへ入っていくかどうかということについては、やはりどうしても消極的に考えるべきである。たとえ何がしかの外貨の黒字がかせげるといたしましても、わが国は兵器の輸出をして金をかせぐほど落ちぶれてはいないといいますか、もう少し高い理想を持った国として今後も続けていくべきなのであろう。どこまでが兵器でどこからが兵器でないのかというようなことは、議論してできないことはありませんけれども、いやしくも、疑わしい限界まで近づいていくことも私としては消極的に考えるべきではないかと思います。

図1－1　宮澤喜一氏の国会答弁（1976年5月）

そのなかでやはり、私がぐっと来てしまうのは次の一節だ。

「わが国は兵器の輸出をして金をかせぐほど落ちぶれてはいないといいますか、もう少し高い理想を持った国として今後も続けていくべきなのであろう」

武器輸出を行わないことを大前提とする高い理想を掲げ、平和国家を謳う理念は、少しずつほころび始める。はじめは83年5月、世界は冷戦下にあった。

アメリカのバージニア州で開催されたサミットで首相の中曽根康弘氏が、「西側先進諸国が連帯と協調による一枚岩の結束を世界に示す」との指針を提示。その前には官房長官である後藤田正晴氏が発表した談話で、ハイテク兵器技術の供与を中心に三原則を緩和する方針が発表された。ハイテク兵器の技術供与は、アメリカから強く要請されていた。

蟻の一穴のごとく、以降は個別の案件ごとにその都度、例外が認められていく。

具体的には、国連平和維持活動（ＰＫＯ）やイラク人道復興支援活動などへの油圧ショベル、中型ブルドーザーの供給、海外への地雷探知機、防毒マスク、化学防護服、防弾チョッキ、対海賊用の巡視艇や暗視装置などの提供だ。

例外として承認された件数は２０１３年までの30年間で21件を数えた。とはいえ、いずれも殺傷能力を伴っていない。武器輸出三原則の扱いに対して、歴代内閣がギリギリせめぎ合ってきたのがうかがえる。

そうして例外が設けられてきた中で、例外の例外となり、以降の武器輸出政策が大きく動いたのは、13年12月のことだ。南スーダンのPKO部隊で避難民保護にあたっていた韓国軍に対して、弾薬1万発を無償供与すると発表した。いうまでもなく、弾薬には殺傷能力がある。それでも、「緊急の必要性と人道性が極めて高い」と、歴代の政府見解を大きく踏み越える決定を下した。

余談になるが、この決定をしたのは国家安全保障会議（NSC）だ。NSCとは官邸直轄の行政機関で、アメリカのNSCを真似る形で、第二次安倍政権のもとで発足した。内閣総理大臣、内閣官房長官、外務大臣、防衛大臣からなる「4大臣会合」が司令塔役を担い、国家安全保障に関する重要事項や緊急事態への対処などを審議する。限られた大臣によって行われる会議であり、内閣のすべての閣僚が出席する「閣僚会議」とは大きく異なる。NSCにおける政策決定のプロセスは公にされない。第二次安倍政権下で制定された特定秘密保護法のためだ。NSCは本書ではこのあと何度か出てくるので頭の隅に置いておいてほしい。

完成品を輸出できる五つの条件

そして14年4月1日、日本は歴史的な転換点を迎えた。安倍政権は、NSCが最終的にまとめた武器輸出三原則に代わる「防衛装備移転三原則」、およびその運用指針を閣議決定したのだ。

武器を「防衛装備」に、輸出を「移転」にわざわざ言い換えた新たな三原則は、従来の三原則と180度異なっていた。これまでの三原則が基本的に武器の輸出や開発を認めず、都度、厳格な審査のもとで輸出を容認していたのに対し、防衛装備移転三原則は、基本的に輸出を認め、禁止する条件を定めた。

防衛装備移転三原則は、次のようにあらためられていた。

①国連安全保障理事会の決議に違反する国や紛争当事国には輸出しない
②輸出を認める場合を限定し、厳格審査する
③輸出は目的外使用や第三国移転について適正管理が確保される場合に限る

完成した武器の輸出は、1救難　2輸送　3警戒　4監視　5掃海の5類に限定されて認められた。

私の最初の本『武器輸出と日本企業』は16年7月に刊行したが、武器輸出三原則の大転換の経緯はそちらでも詳しく述べている。そこにも記したが、この原則の大転換は、安倍政権

になって急に始まったわけではない。背景をたどると、日本経済団体連合会（経団連）の存在に行き着く。

経団連が武器輸出三原則の緩和を求めて初めて具体的な動きを見せたのは1995年5月だった。理由として「国際協力のための環境整備」が掲げられたが、実際には安全保障環境をめぐる当時の国際情勢が色濃く反映されていた。

91年のソ連崩壊と東西冷戦の最終的な終結を受けて、世界中で急速な軍備縮小が進んでいた。日本も例外ではなく、防衛予算が削減され、自衛隊が調達する武器の数そのものも大きく減少した。

もちろん長年にわたって堅持されてきた、武器輸出三原則をめぐる状況がすぐに変わるわけではない。それでも影響力を持つ経団連を中心とした、財界による「地ならし」ともいえる時の政権へのはたらきかけが絶えず継続されてきたのだ。

進められた武器政策と突然の研究終了

新たな三原則の閣議決定で、政府はこれまでのくびきが取れたかのように動き始める。閣議決定から3か月半、7月に開かれたNSCの閣僚会合では、地上配備型の迎撃ミサイルの部品をアメリカへ輸出することと、F35戦闘機（写真1-2）搭載のミサイル技術に関

写真１－２　Ｆ35戦闘機（写真　航空自衛隊HP）

するイギリスとの共同研究を承認した。

前者はアメリカの防衛大手レイセオン・カンパニーへ特許料を支払う、いわゆるライセンス生産の形で三菱重工業が製造していたパトリオットの特定の部品が対象となった。ミサイルの姿勢を調整する全長約6センチの部品だが、アメリカ国内での生産が終了しており、アメリカとの安全保障、防衛協力の強化に資すると判断された。ただ、アメリカで完成したパトリオットは、さらにカタールへと輸出されている。カタールは親米国家であり、パトリオットが国際紛争で使われるリスクは極めて低いとＮＳＣは判断、結果的に第三国への輸出となることも認めていた。

後者は三菱電機の半導体技術を使うものだ。日本政府が準同盟国と位置づけているイギリスとのミサイルの精度を高める技術の共同研究が対象となった。

具体的にはイギリスの防衛大手ＭＢＤＡ社がフランス、ドイツなど5か国と共同開発していたミーティアと呼ばれるミサイルの技術だ。イギリスが将来、Ｆ35戦闘機に搭載する計画になっている。共同研究は三菱電機のセンサー技術を組み合わせたシミュレーションにとどまり、武器化を前提としたものではないという理由で、同じくNSCから承認された。結論を先取りして話すと、この共同研究はうまくいかなかったようだ。承認から9年後の23年3月、この年に実施される試射をもって共同研究プログラムを終了すると防衛装備庁が突如発表した。共同研究から共同開発に移行する場合には再度、NSCによる承認が必要とされており、それがいつになるのか私はハラハラしていたが、その段階には至らなかった。

18年度から試作段階に入り、21年度予算では共同研究費用として10億円が計上されていた。日本とイギリスの両国間でミサイルの性能などを評価し、量産の可否を判断すると見られていたなかで、なぜ終了に至ったのか。防衛装備庁だけでなく防衛省からも、具体的な説明がないままになっている。

NSCが承認した重要案件はもちろん、これだけではない。

15年7月23日には、アメリカが開発するイージス艦に搭載される最新システムに関して、ソフトや部品を日本で製造して同国へ輸出すると決めた。

イージス艦は200を超える標的を追尾しながら、10個以上を同時に攻撃できる性能を持つ。標的の位置情報などを複数のディスプレーで表示し、共有できるシステムの開発にあた

写真1-3　TC-90（写真　航空自衛隊HP）

ってアメリカ側は日本企業の参加を求めていたのだ。最終的にソフトは三菱重工業が、タブレットをはじめとする部品は富士通がそれぞれ生産を請け負った。

16年8月31日には海上自衛隊が所有する練習機、TC-90（写真1-3）のフィリピン海軍への貸与が承認され、自衛隊の装備が他国に供与される最初のケースとなった。

TC-90はアメリカの軽飛行機メーカー、ビーチクラフト製。航法訓練用の練習機として改造された機体で、海上自衛隊ではパイロットの養成課程で使用されてきた。フィリピン海軍は養成のためなどではなく、南シナ海上空での警戒及び監視活動に5機を活用している。

この輸出に関して、南シナ海での海洋進出を強めていた中国への間接的な圧力なのではないか、と指摘する声もあった。16年5月に臨時会見した中谷元防衛大臣は次のように説明している。

「今回の目的は人道支援、そして災害救援、輸送、海洋状況把握に係るフィリピンの能力向上を目的としたもので、特定の国または地域を念頭においたものではありません」

国産の武器が初めて国外へ

さらに20年8月、防衛省は警戒管制レーダーをフィリピンへ輸出する契約が成立したと発表した。固定式3基、移動式1基の計4基で、三菱電機とフィリピン国防省との間での契約だという。完成した国産の武器が海外へ輸出されるのはこれが初めてだ。

受注金額は約1億ドル、当時の為替レートで換算すれば約106億3000万円。日本国内での設計・製造・試験をへて固定式の1号機が23年10月に、移動式の2号機が24年3月にそれぞれフィリピン空軍へ納入されている。

フィリピンへは18年11月にも、退役後に保管されていた陸上自衛隊のヘリコプターの保守用部品が無償譲渡されていた。16年2月に「防衛装備品及び技術移転などに関する協定」を締結しているフィリピンとの関係を、防衛省は警戒管制レーダーの輸出契約成立後に次のように発表している。

「我が国にとってフィリピンは、共通の理念と目標を有する戦略的パートナーであり、フィリピンとの防衛装備協力を推進することは、我が国及び地域の平和と安定の確保においても重要です」

TC‐90の貸与が合意に達した16年5月から一転して、南シナ海における中国の脅威をうかがわせながら、大きく突っ込んだ内容になっているのがわかる。

ちなみにフィリピンは、日本が「防衛装備品及び技術移転などに関する協定」を締結した6番目の国だった。協定締結国は24年4月には15か国となっている。

この15か国は、アメリカ、イギリス、オーストラリア、フランス、インド、フィリピン、イタリア、ドイツ、マレーシア、インドネシア、ベトナム、タイ、スウェーデン、UAE（アラブ首長国連邦）、シンガポール。

一方で頓挫（とんざ）した計画もある。

オーストラリア国防軍の潜水艦の共同開発だ。この件に関しては、『武器輸出と日本企業』で章を設けて記したので関心のある方はそちらを読んでほしい。

簡単に記すと、NSCは15年5月、オーストラリア国防軍の潜水艦の共同開発について、海上自衛隊のそうりゅう型潜水艦（写真1・4）の輸出を承認した。

潜水艦は機能を含めたすべてが国防機密にあたる。当時、武器を輸出した経験がなかった日本の防衛産業界は、技術の流出を防ぐ手段を持ち合わせておらず、驚きを隠せない様子だったが、官邸や防衛省は旗を振っていたようだ。防衛企業を取材していた私は、企業の幹部から「防衛省が『やれ、やれ』と言ってくる」と戸惑う声を聞いた。

フランスとドイツを交えた実質的な競争入札となったが、最終的に受注先はフランスに決まった。官民一体となった日本の提案はドイツの後塵も拝し、総額で500億オーストラリアドル、当時の為替レートで4兆2000億円にも達するとされた共同開発に加われなかった。

写真1-4　そうりゅう型潜水艦（写真　海上自衛隊HP）

第二次安倍政権が発足して半年後の13年5月から進めてきた、海上自衛隊の大型救難飛行艇US-2をインドへ輸出する交渉も実質的に頓挫している。

新明和工業（本社・兵庫県宝塚市）が開発したUS-2は、波高3mの海へ着水ができ、時速約90kmでの短距離離水もできる。世界でも稀有な高い性能を持つ救難飛行艇にインドが早い段階から関心を示し、日本が防衛装備移転三原則へ転換した後は、両国間の首脳会談や防衛相会談で具体的に話し合われてきた。

当初は積極的だったインド側はあるときを境に興味を失っていく。その理由は、日本円で100億円を大きく超えるとされる1機当たりの取得単価の高さだけではないようだ。官民一体によるサポート体制の弱さや、インドが求める技術移転に応じ切れていない日本の姿勢などがあったとみられる。

防衛装備移転三原則の拡大解釈

20年9月に就任した菅義偉首相のもとでも武器輸出は積極的に推し進められた。ターゲットの一つとして定められたのがインドネシアだ。インドネシアは、中国の海洋進出に対応するために老朽化したフリゲート艦5隻を更新し、その上で戦力を強化する計画を打ち出していた。フリゲート艦とは軍艦の一種で、敵の戦闘機や潜水艦などに対して警戒を行う。自軍の護衛のため機雷や機関銃なども備える、高速で機動性の高い艦をいう。

菅政権は、海上自衛隊のもがみ型護衛艦（写真1-5）FFMという艦を原型として、インドネシアと共同生産していく形を提案。もがみ型護衛艦は、三菱重工業が主導して建造が進められていたものだ。イタリア及びトルコと受注を争っていると報じられていたが、インドネシア発の報道では日本を最有力候補にすえるものもあった。

21年6月、イタリアの造船大手フィンカンティエリは、インドネシア国防省との間でフリゲート艦8隻を供与する契約を結んだと発表した。日本の武器輸出計画はまたもや頓挫したと見られたが、実際には違ったようだ。

同年8月、当時の駐インドネシア日本大使、金杉憲治（かなすぎけんじ）氏が防衛駐在官を伴い、インドネシアの国防相をはじめとする政府高官と会談したと複数の現地メディアがいっせいに報じた。会談に臨んだ顔ぶれを踏まえて、現地メディアは「三菱重工業ともがみ型護衛艦を共同生産するための交渉が継続されている」と伝え、なかには「もがみ型護衛艦の共同生産へ向けた契約プロセスが議論された」と踏み込んで報道するものもあった。

写真1-5　もがみ型護衛艦（写真　海上自衛隊HP）

ところで、そもそもフリゲート艦は輸出できるのか。

前述したとおり、完成した武器の輸出は、救難、輸送、警戒、監視、掃海の5類に限定されている。先に記した、フィリピンへ輸出された警戒管制レーダーは「警戒」と「監視」に該当する。インドへの輸出が実質的に頓挫している、大型救難飛行艇US-2は「救難」や「輸送」にあたる。

対照的に艦砲などが搭載され、殺傷能力もある護衛艦は五つのどれにも当てはまらず、完成品としての輸出は認められない。

1	(1)米国	9160
2	(2)中国	★2960
3	(3)ロシア	★1090
4	(4)インド	836
5	(5)サウジアラビア	★758
6	(6)英国	749
7	(7)ドイツ	668
8	(11)ウクライナ	648
9	(8)フランス	613
10	(9)日本	502
11	(10)韓国	479

図１－２　世界の軍事費上位。★は推定値（出典　東京新聞24年4月24日）

これに関して、首相の菅氏を議長とする国家安全保障会議（ＮＳＣ）はアクロバティックな解釈をする。防衛装備移転三原則のなかで用途が限定されていない、記されていない共同開発や共同生産は、たとえ殺傷能力のある護衛艦でも移転は認められる、というものだ。

このように菅氏は、安倍政権下で進められてきた防衛装備移転三原則の適用範囲を、国会での議論などもなく押し広げた。一連の経過を見ると、官民一体となって殺傷能力のある護衛艦輸出を推し進めようとしているようにしか思えなかった。

ここで改めて世界の軍事費について概観しておこう。

23年の世界の軍事支出総額は２兆４４３０億ドル（約３７８兆円）と、前年より６・８％

増であり、比較できる１９８８年以降で最高額となっている（ストックホルム国際平和研究所）。世界のシェアはアメリカがダントツで2位中国の3倍超だ。日本はＧＤＰ比１％前後で推移してきているとはいえ、ランキングでは10位に入っている（図１‐２）。

注目したいのは、11位の韓国（４７９億ドル）だ。韓国の防衛費は増加傾向にあるが、なかでも武器輸出の増加には目を見張る。「Ｋ兵器」と呼ばれ世界中から注目を集めており、輸出額の推移からもその拡大ぶりが伝わってくる（図１‐３）。

「朝鮮日報日本語版」（23年４月９日）などによれば、価格の安さとオーダーメイドの柔軟性、納期の順守などで各国の支持を得ており、ポーランド、マレーシアなどと、続々と契約を決めているという。

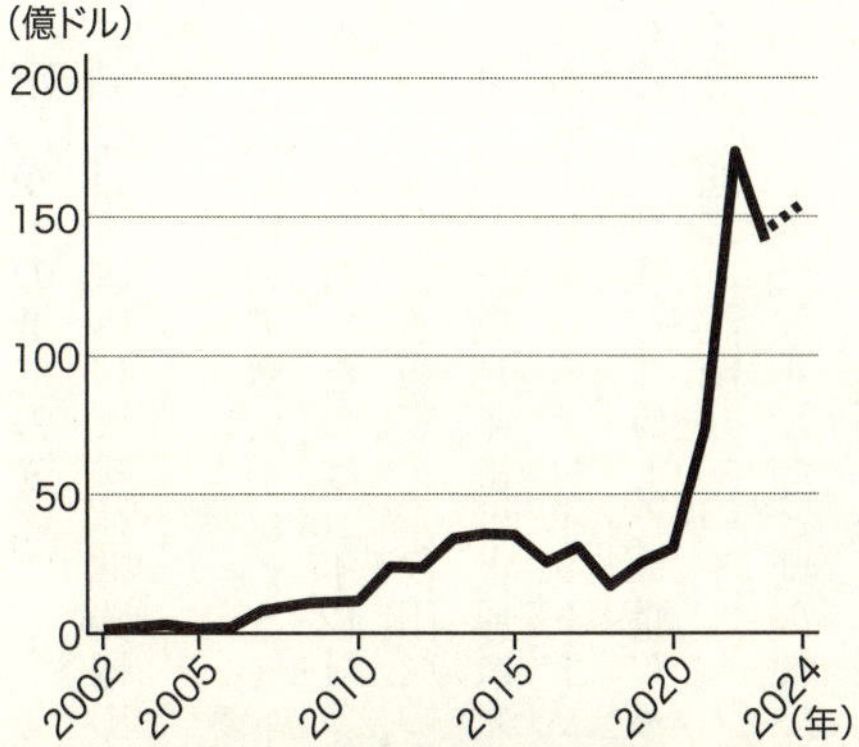

（億ドル）
200
150
100
50
0
2002 2005 2010 2015 2020 2024（年）

図１‐３　韓国の防衛産業の輸出推移（出典 NHK 国際ニュースナビ 22 年 12 月 6 日、およびキャノングローバル戦略研究所 HP24 年 12 月 23 日）

市民からの抵抗の動き

話を日本国内に戻す。武器輸出をめぐる政権の動きに対して市民の中から反対の声が上がった。

市民団体の武器取引反対ネットワーク（ＮＡＪＡＴ）が中心となり、抗議の意思を示すデモ活動が行われたのは21年12月3日。場所はもがみ型護衛艦ＦＦＭを生産していた三菱重工業の本社がある東京・千代田区の丸の内二重橋ビル前だ。私も取材に行った。

丸の内二重橋ビルには世界最大の会計事務所で、日本の武器輸出のコンサルティング業務にも進出しているデロイトトーマツのグループ各社もオフィスを置いている。ＮＡＪＡＴの杉原浩司代表はこうした事情にも言及した上で、抗議デモを行うに至った理由や概要を、マイクを通じて説明している。

「イタリアに敗北したと見られていた大型の武器輸出案件が、生き延びていることが明らかになりました。（中略）三菱重工業製の多機能護衛艦のインドネシアへの輸出協議が続いています。

この護衛艦は対潜戦、対空戦、対水上戦、対機雷戦などを担う、極めて戦闘能力の高い攻撃型武器で、輸出に向けた事前調査は軍需商社である伊藤忠アビエーションが担っています。政府及び防衛装備庁は、武器輸出を抑制的な用途のみに限定した防衛装備移転三原則の運用指針に違反することから、完成品の輸出でなく共同生産という詐欺的な手法での強行突破を狙っています。

ただ、これは企業がノーと言えばできないわけです。ですから、最大手の三菱重工業がここで見直しをして、インドネシアへの武器輸出から撤退しますと、日本政府にもしっかり言うべきだと思います」

もし輸出が強行されればどうなるのか。杉原さんは淡々とした口調でこうまとめた。

「輸出が強行されればそれを使って、対中国包囲網に加わっていく。インドネシアがいざ、中国と戦争することもありえなくはないわけです。これは日本の紛争への加担、紛争を助長する最悪の武器輸出そのものです。どうかいまからでも、しっかりと撤退の決断をしてほしいと、泉澤（いずみさわ）社長に呼びかけたいと思います」

私が2012年に武器輸出問題を取材しはじめて、早い段階で知ったのが杉原さんたちだった。そのころは10人くらいで活動していたというが、さまざまな抗議活動や勉強会を通じて規模を拡大していく。

NAJATが立ち上げられたのは15年12月。当時、オーストラリアのターンブル首相が就任してまもなくで、そうりゅう型潜水艦の輸出の風向きが日本不利に傾きかけていたときだった。

立ち上げに動いたのは元毎日新聞記者で、パレスチナ及びイスラエルを含めた中東問題に精通している法政大学名誉教授、奈良本英佑（ならもとえいすけ）さんを中心とする市民だ。代表には80年代半ばから各市民運動に参加し、ＰＫＯ法やミサイル防衛、特定秘密保護法などへの反対や脱原発活動に取り組み、ＮＡＪＡＴ設立を呼びかけた一人でもある杉原さんが就いた。

衆議院議員会館で設立会見に臨んだ杉原さんは、次のように語っている。

「日本はこれまで武器を輸出しない国として世界に誇ってきました。しかし、いまやアメリカ、オーストラリア、インドとともに中国を意識した安保体制作りが進んでいます。武器輸出に対しては世論の大半が反対なのに、民意が可視化されていません。武器を輸出するなと、いまこそ訴えるときです」

それから9年が経った。武器の輸出は大きなニュースになることもなく続いている。

本書を記している時点で、もがみ型護衛艦ＦＦＭをインドネシアへ輸出する動きに進展は見られていない。一方で24年2月になって、オーストラリア政府が進める海軍軍艦の拡充計画で、設計を日本とドイツ、韓国、スペインの既存艦のなかから選択する方針を固めたとオーストラリア紙が報じている。

報道はさらに、オーストラリア側が望む３０００～５０００トン級規模の軍艦を候補各国の既存艦にあてはめた場合、日本の場合は三菱重工業製のもがみ型護衛艦ＦＦＭが適合するとも伝えている。

インドネシアのみならず、新たなターゲットとしてオーストラリアをすえる政府及び三菱重工業側の動きが浮き彫りになった。

戦後の歴代政権によって原則的に禁止されていた武器輸出は、少しずつ例外が設けられ、2014年に一気に方向転換し、22年に岸田政権が行った安保三文書の改定が総仕上げとなった。安保三文書の中で直接武器輸出について言及しているわけではないが、この文書改定の約1年後に本章の冒頭に記したように、「防衛装備移転三原則とその運用指針」が改定されたことを見ても、その影響は限りなく大きい。

安保三文書とは何だったのか。その詳細を次章で見ていきたい。

第二章 安保三文書の衝撃

——輸出範囲がなし崩し的に拡大

初めて明記された「敵基地攻撃能力の保有」

武器輸出政策を大きく変えたのが、岸田政権下で22年12月16日に閣議決定された「安全保障関連三文書（安保三文書）」の改定だ。具体的には次の三つで構成されている。

①国家安全保障戦略——外交・安全保障における最上位の指針。13年12月の安倍政権下で制定されたが初めて改定された

②国家防衛戦略——10年間の防衛目標とそれを実現させるための方法と手段。「防衛計画の大綱」からの変更

③防衛力整備計画——防衛費総額と装備品の整備規模。「中期防衛力整備計画」からの変更

従来の政府方針と大きく異なっているのは、なんといっても「敵基地攻撃能力の保有」が明記された点だ。①と②で言及されており、敵国のミサイル発射基地などへ反撃を加えられる。日本の安全保障政策を180度転換させる決定といっていいだろう。

戦後の歴代内閣は、戦争放棄と戦力不保持を定める日本国憲法第9条のもとで専守防衛を堅持してきた。現在でも防衛省はホームページで「相手から攻撃を受けたときに初めて行使

し、態様も必要最小限にとどめ」ると記している。

閣議決定後に記者会見に臨んだ岸田首相はこの点を次のように強調した。

「日本国憲法、国際法、国内法の範囲内での対応となるだけでなく、非核三原則や専守防衛の堅持、平和国家としての日本の歩みは今後も不変です」

その上で大転換に至った理由を、抑止力という言葉を用いて説明した。

「相手の能力や新しい戦い方を踏まえて、現在の自衛隊の能力で我が国に対する脅威を抑止できるのか。脅威が現実となったときにこの国を守り抜くことができるのか。極めて現実的なシミュレーションを行いました。率直に申し上げて、現状は十分ではありません。新たにどのような能力が必要となるのか。相手に攻撃を思いとどまらせる抑止力となる反撃能力は、今後不可欠となる能力です」

敵基地を含めた相手国の領域を日本が直接攻撃すれば、反撃を招き、武力の応酬へと発展し、再び戦争の惨禍をもたらしかねない。そうした敵基地攻撃能力の保有よりも、緊張関係にある近隣諸国との外交努力が必要なのではないか。私はことあるごとに岸田氏の説明を思い出すのだが、いまだにどうしたら「平和国家」と結びつくのかわからない。

「敵基地攻撃能力」には、発動のための要件が三つあり、すべて満たしたときに実行されることになっている。この三要件は、安保三文書の一つめ、国家安全保障戦略に記されており、第二次安倍政権で14年7月に閣議決定された集団的自衛権の行使容認が踏襲されている。

①我が国に対する武力攻撃が発生したこと、又は我が国と密接な関係にある他国に対する武力攻撃が発生し、これにより我が国の存立が脅かされ、国民の生命、自由及び幸福追求の権利が根底から覆される明白な危険があること
②これを排除し、我が国の存立を全うし、国民を守るために他に適当な手段がないこと
③必要最小限度の実力行使にとどまるべきこと

岸田氏は記者会見で特に③を強調していたが、購入を予定する兵器の数や性能（後述）を見る限りは、とうてい「必要最小限度」とは受け止められない。

そもそも、自分の国への武力攻撃がなくても、密接な関係にある他国への武力攻撃が起き、かつ、我が国の存立が脅かされる、とは一体どういう状況を示すのだろう。岸田政権は「存立危機事態」という言葉で説明するが、政権の認識を野党の国会議員たちが国会で問い質してもどのような事態が「存立危機」となるのかはっきりしない。必要最小限度の実力行使の内容も定義も非常に曖昧だ。

ともかく、これらの三つの要件が満たされたときに、閣議決定で保有を認めた殺傷能力を

含む「敵基地攻撃能力」を発動するのだという。

台湾有事、尖閣（せんかく）有事を想定した「シナリオ」に基づき、着々と戦争をするための要件を整えているようにしか見えず、私は背筋が凍るような思いがした。

日本ではこれまで、アメリカのように、戦争が万が一起きた場合の自衛隊や市民の被害状況のシミュレーションは出されたことがない。戦争になった場合の負の数字は示さないまま、戦争の準備を進めるかのように、軍拡や敵基地攻撃能力の保有の議論を推し進めていることに大きな違和感を覚えた。

アメリカ側の意図

安保三文書は、アメリカとの同盟のもとで自衛隊が「盾」を、アメリカ軍が「矛」を担う戦後の役割分担の歴史にも終止符を打つ。

アメリカは13年ごろから同盟国とともに「統合防空ミサイル防衛（ＩＡＭＤ）」と呼ばれるシステムを地球規模で構築している。これは、敵基地攻撃能力と弾道ミサイル迎撃能力を一体化させたものだ。念頭に置かれているのは、ロシアや中国などのミサイル脅威で、安保三文書で保有が明記された日本の敵基地攻撃能力もこの統合防空ミサイル防衛に組み込まれる。

変貌を遂げる日本の安全保障体制を真っ先に歓迎したのは、アメリカのジョー・バイデン大統領だった。統合防空ミサイル防衛を見すえていたからだろうか、安保三文書の閣議決定を受けて、自身のツイッター（現X）に次のように書き込んでいる。

「われわれの同盟は自由で開かれたインド太平洋の礎であり、平和と繁栄に向けた日本の貢献を歓迎する」

一方、安保三文書の国家安全保障戦略のなかで、その軍事動向を「これまでにない最大の戦略的な挑戦」と明記された中国は不快感をにじませた。

たとえば中国外務省の汪文斌報道官は22年12月の定例会見で、安保三文書閣議決定に対して外交ルートを通じて日本へ抗議すると表明した。

「中日両国関係で日本が約束したことや合意を無視して、われわれ中国を中傷し続けている。断固として反対する」

また、中国共産党中央委員会の機関紙「人民日報」の傘下にある、タブロイド紙「環球時報」は社説で安保三文書を痛烈に批判した。

「十分に危険なシグナルであり、自国の軍事力拡大の口実だ」

こうして見てみると、安保三文書は抑止力になったといえるだろうか。私には中国との緊張関係を高めたようにしか思えない。

計画が指示する武器の高性能化

安保三文書の三つめの防衛力整備計画には、敵基地攻撃能力で使用される兵器について、ミサイルを中心に複数盛り込まれている。主要なものを箇条書きにすると次のようなものだ。

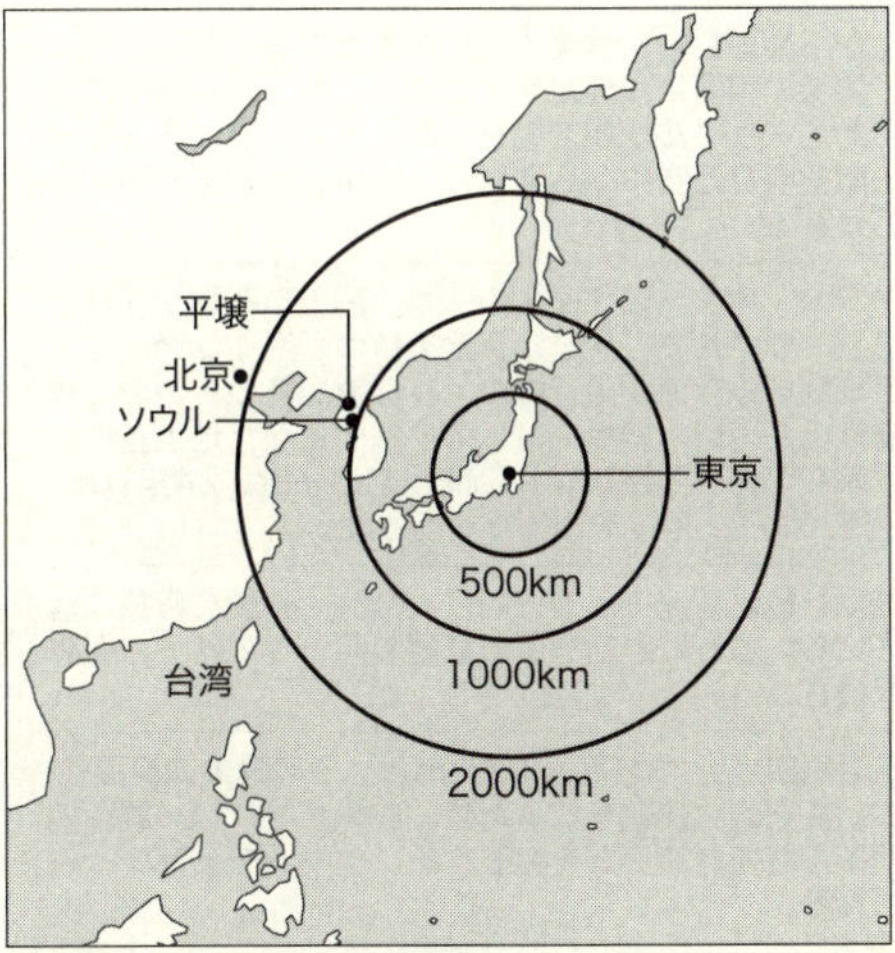

図2－1　東京からの距離

・陸上自衛隊のスタンド・オフ・ミサイル12（ひとに）式地対艦誘導弾を改良し、「12式地対艦誘導弾能力向上型」にする。三菱重工業製。
・新たなスタンド・オフ・ミサイルとなる高速滑空弾の開発、極超音速誘導弾の研究。三菱重工業製。
・アメリカ製の巡航ミサイルトマホークの調達。

地対艦ミサイル	地上から発射して、目標の艦隊を攻撃するミサイルのこと。同様の用語に、地対空ミサイル（地上から空中の目標であるミサイルや航空機を攻撃する）、空対空ミサイル（航空機など空中から発射され空中の目標を攻撃する）などがある。
12式地対艦誘導弾能力向上型	スタンド・オフ・ミサイルの一つ。陸上自衛隊が開発中の巡航ミサイルで、ステルス性を持つ。巡航ミサイルとは、ミサイル自体が飛行機のような翼を持つもので、長距離飛行が可能。艦船に対して攻撃するが、地上基地への攻撃も可能。飛距離は1000km超の予定。24年10～11月にかけて5回、発射実験を行った。
島嶼防衛用高速滑空弾	高高度を極超音速で目的に向けて飛び、弾頭を目標に落下させる。おもに離島などの奪還戦略として陸上自衛隊に配備される。
極超音速誘導弾	音速の5倍以上、1分間に100kmという高速で高高度を飛ぶ。変則的な軌道を取るため、迎撃が難しい。既存のミサイル防衛システムを突破する「ゲームチェンジャー」とされる。
トマホーク	アメリカが開発した射程が千数百km以上の巡航ミサイル。音速に近い速度で低高度を飛ぶため、迎撃されにくい。
多機能護衛艦	護衛艦の艦種のうち、対潜、防空能力を持つ。FFMとあらわされる艦種。海上自衛隊のFFM「もがみ」はステルス性を持つ。
スタンド・オフ電子戦機	電子戦を想定した戦闘機。強力な電波を発し、敵のレーダーを妨害、航空作戦の遂行を支援する。

図２－２　武器の概略

・高いステルス性能を持つアメリカ製の戦闘機、多機能護衛艦、潜水艦の調達。
・アメリカ製のスタンド・オフ電子戦機の調達。

スタンド・オフとは「離れている」という意味で、簡単にいえば長距離を射程に収めるミサイルのことだ。ミサイルの飛距離が千キロ以上ともなると、専守防衛のルールとは大きく乖離してしまう（図2-1）。そのほか武器の名前や性能を一つ一つ記すと煩雑になってしまうので、別掲した（図2-2）。参考にしてほしい。

なお、ここにある、トマホーク（写真2-1）に関しては、24年1月にアメリカ政府と当時のレートで約2540億円の正式契約が結ばれた。当初購入予定の500発が円安の影響を受けて400発に減少。さらに安全保障環境の悪化や、国産のスタンド・オフ・ミサイルの開発が遅れた影響などもあって導入時期が1年前倒しされた結果、半分の200発が通信機能や目標識別能力が劣る旧型となっている。

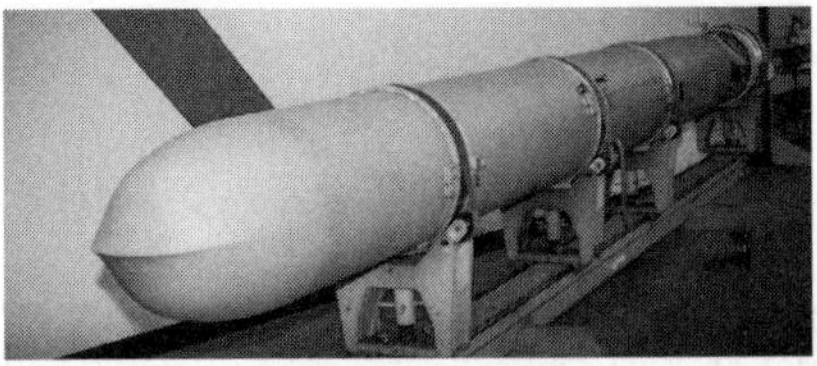

写真2-1　トマホーク（写真　アメリカ海軍HP）

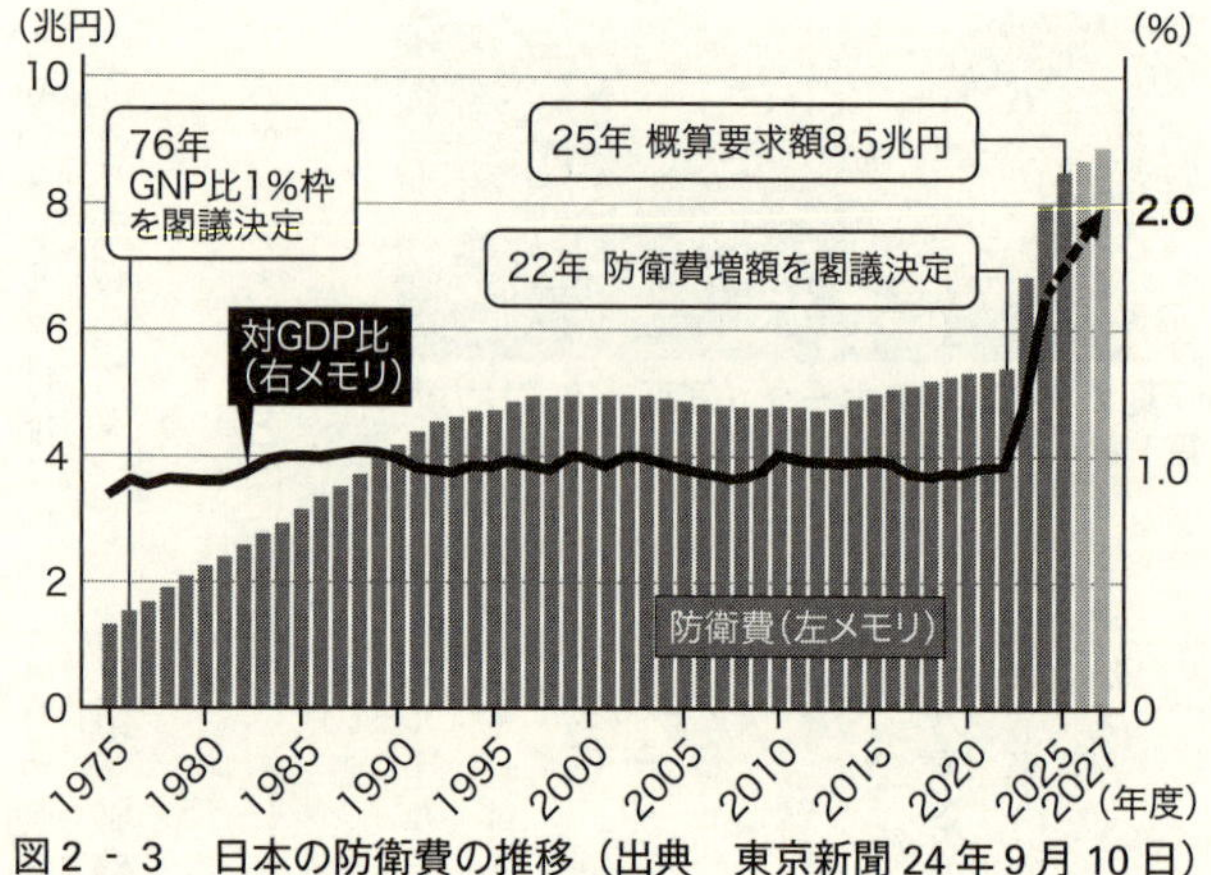

図2－3　日本の防衛費の推移（出典　東京新聞 24 年 9 月 10 日）

急拡大する防衛費

ここで日本の防衛費の推移を見てみよう（図2－3）。

安保三文書に記された防衛費の総額は、23年度から5年間で43兆円である（中期防衛力整備計画、以下「中期防」と記す）。

22年度までの5年間の総額が約27兆4700億円だから、実に1・6倍近く増額されたことになる。

23年度からの中期防予算総額に関しては、防衛省が約48兆円を要求したのに対して、財務省は約35兆円と回答していた。しかし、自民党内で「40兆円を割り込むのは許容できない」とする意見が大勢を占め、浜田靖一防衛相、鈴木俊一財務相と会談した岸田首相が約43兆円とするように指示したという。

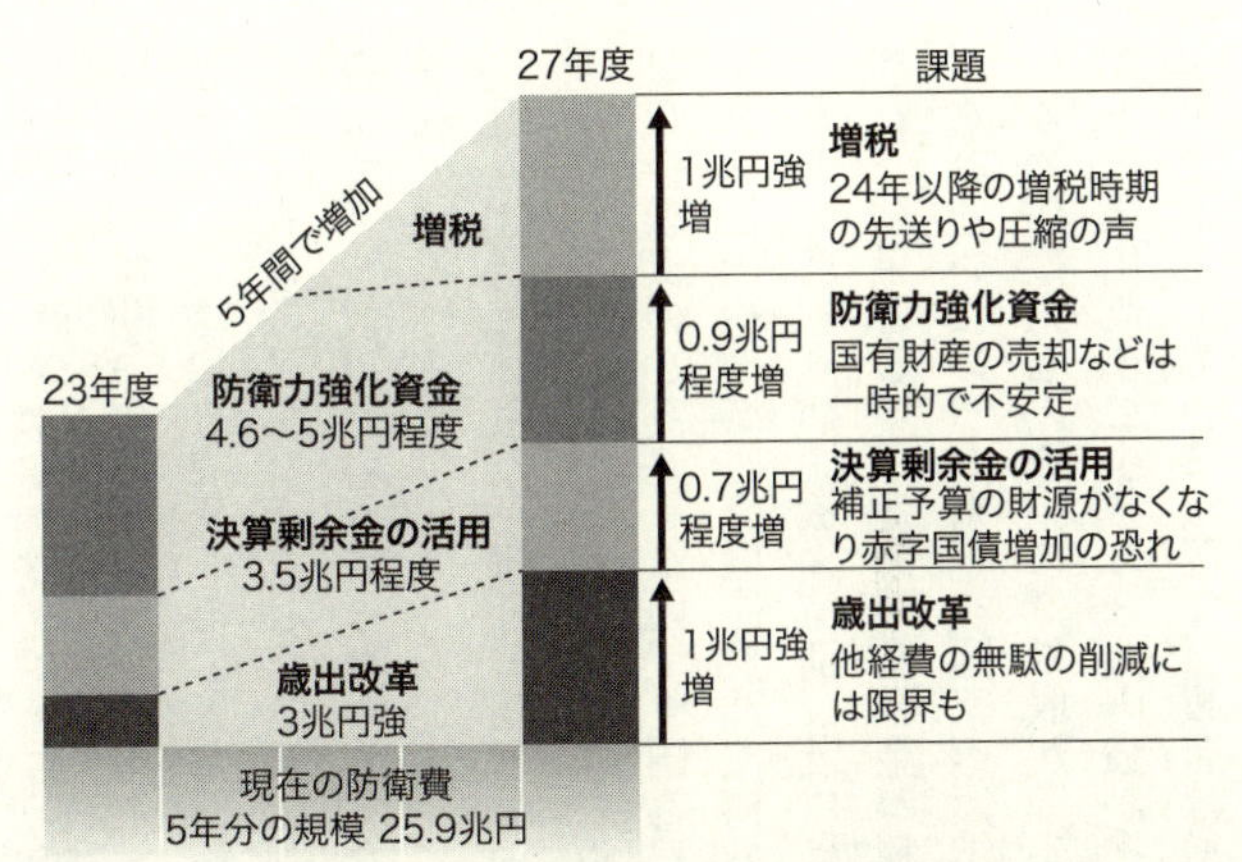

図2 - 4　防衛費43兆円の財源（出典　朝日新聞23年1月20日）

あまりにも唐突に映る43兆円もの巨額な中期防予算総額について、政府は2年以上がたっても具体的な使途や根拠を示していない。しかし、増額が示された当初から、43兆円の金額ありきなのではないかという懐疑的な視線が向けられてきた。

実は22年5月の日米首脳会談で、岸田首相はバイデン大統領に防衛予算の大幅な増額を約束。直後の参院選で自民党は公約のひとつに、国内総生産（GDP）比で1％程度を目安としてきた防衛予算を2％に引き上げることを突如として掲げた。GDP比2％はアメリカを含めたNATO諸国が目安としている数字であり、日本が23年度からの5年間で防衛費を43兆円増やせば、GDP比で2％規模となるからだ。

43兆円の具体的な財源は図2 - 4のとおりだ。

安保三文書が改定された22年度の防衛予算は、約5兆2000億円。岸田政権は、23年度以降の5年間の防衛費をGDP比1%から2%へと拡大させると約17兆円が不足するが、そこは新たな法律を立法することで財源を確保した。

23年6月に可決、成立した防衛財源確保法だ。柱を成すのは新たに創設された防衛力強化資金で、税収以外の収入を積み立てながら、合計で4兆6000億円から5兆円程度が見込まれている。

内訳は国有財産の売却収入などから3兆1000億円以上が、特別会計繰入金の合計1兆5000億円程度がそれぞれ国庫に返納されるスキームが特別に設けられた。特別会計では財政投融資の2000億円、外国為替資金の約1兆2000億円に加えて、国立病院機構の422億円や地域医療機能推進機構の324億円がそれぞれ一般計に繰り入れられる。

たとえば国立病院機構特別会計には、新型コロナウイルス対策で大規模な資金投入が実施された結果として、多額の剰余金が積み上がる状況が生まれた。コロナ対策以外の使途が認められないため、剰余金を国家へ返納するにあたって直接、防衛費へあてる形が設けられた。

この防衛力強化資金に、税収が予想よりも増えた状況で生じる決算剰余金3兆5000億円と、歳出改革で生じる3兆円強がそれぞれ加わると見込まれている。それでも6兆円近くがまだ不足している状況で、政府は増税で3兆円をまかない、他に財源未定で2兆5000

億円以上の積み上げを見込んでいる。

自民党の税制調査会は、東日本大震災の復興に充てている復興特別所得税2・1％のうち1％を新たな税として転用し、さらに法人税とたばこ税を増税するプランを一度は了承した。たばこ税は税率が低く抑えられている加熱式たばこが対象となったが、いずれも当初の24年度以降の適切な時期とされていた実施時期は、本書を執筆している時点で与党税制改正大綱に明記されていない。

何よりも歳出改革に先駆ける形で増税が具体的に検討された点で、やはり最初に金額ありきで、見切り発車的な防衛費増額だったと言わざるをえない。

岸田首相は閣議決定後の記者会見で、最終的な不足分を国債の発行ではなく増税でまかなう理由を次のように説明している。

「内閣総理大臣として、国民の命、暮らし、事業を守るために、防衛力を抜本強化していく。そのための裏付けとなる安定財源は、将来世代に先送りすることなく、いまを生きる我々が将来世代への責任として対応すべきものと考えました」

こうした理由を空々しい思いで聞いたのは私だけだろうか。

東日本大震災から13年が経過したが、約2万2500人（24年12月25日時点）の人がいまだ住んでいたところに戻りたくても戻れず、避難を強いられている。いくつかの避難指示区域は解除されたものの、避難先で子どもたちの新たな生活がはじまり、家族が離散せざるを得ないような人たちがいる。復興が終わっているとは決して言えない状況の中で、その復興所得税の約半分を軍拡予算に充てることを決めてしまう政府の態度には怒りを覚えずにはいられなかった。

失われた歯止め

一気にはね上がった防衛費やそれに伴う増税とともに、どうしても看過できない点がもう一つある。27年度の防衛費に関して、22年度のGDP比で2%に近づける方針が盛り込まれた点だ。

以下、GDPとGNPが混在しているのでまず、両者の違いを簡単に記しておく。

GDPは国内総生産の英語表記（Gross Domestic Product）の頭文字を取ったもので、その言葉通り、国内で一定期間内に生産されたモノやサービスの付加価値の合計額をいう。国内のため、日本企業が海外支店等で生産したモノやサービスの付加価値は含まない。

一方GNPは国民総生産の英語表記（Gross National Product）の頭文字を取ったもので、国内に限らず、日本企業の海外支店等の所得も含んでいる。

かつては日本の景気を測る指標として、主に用いられたのはGNPだったが、現在は国内の景気をより正確に反映するとしてＧＤＰを用いることが一般的だ。２００１年以降、内閣府の主要統計の一つである国民経済計算においても、ＧＤＰが用いられている。

　これらの指標に対する防衛費の推移を見ていきたい。

　警察予備隊が保安隊に改組された52年度予算は、対ＧＮＰで２・78％。そこから徐々に減少し、68年度以降の予算では１％を切る状況が続いていた。

　76年11月の三木武夫政権は防衛費の総額をＧＮＰの１％以下に抑制する政策を閣議決定。田中角栄（たなかかくえい）政権のもとで歯止めとなる基準の議論が始まり、続く三木政権で防衛費１％枠が定められた。

　三木内閣の坂田道太（さかたみちた）防衛庁長官は衆議院決算委員会で次のように語っている。

「日米安保条約がある限り、１％でいけば他国から侵略されることはあるまい」

０・８７７％だった翌77年度予算をはじめとして、歴代政権は予算編成にあたってＧＮＰまたはＧＤＰ比の１％枠を踏襲してきた。

　２０１０年度までで例外はわずか４回だった。ソ連との新冷戦時代がピークを迎えた87年度以降の３年間で、中曽根康弘政権と竹下登（たけしたのぼる）政権がそれぞれＧＮＰ比１・００４％、１・０１３％、１・００６％と上限をわずかに超える予算を編成した。アメリカの要望で西側諸国が防衛費を増額していたなかで、同盟国の日本も応じた結果だった。

さらに民主党政権だった10年度予算で、鳩山由紀夫政権はGDP比で1・008%となる防衛費を計上した。防衛関係費そのものの比率は0・985%だったが、アメリカ軍再編関係経費の地元負担軽減分などを含めた総額で上限を超えた。

第二次安倍政権が発足した後も対GDP比1%枠は強く意識されてきたが、安倍首相は17年3月の参議院予算委員会で、「アジア太平洋地域の安全保障環境を勘案し、効率的に我が国を守るために必要な予算を確保する。(防衛費を)国内総生産1%以内に抑える考え方はない」と発言し、1%枠を超える防衛費増額への意欲を示していた。

アメリカのトランプ大統領は、17年11月の日米首脳会談後の記者会見で、日本がアメリカから兵器を購入すれば「アメリカは多くの雇用を、日本は安全を確保できる」と述べるなど、アメリカ製の防衛装備品の購入拡大を繰り返し求めるようになっていた。最新鋭のF35戦闘機を147機購入するなど米製兵器の爆買いが加速、後の世代につけを回す兵器ローンが増大していった。

こうした地ならしがあったからか、岸田政権は歴代政権が堅持してきた上限を簡単に踏み越えた。

まずは発足直後の21年11月に成立した補正予算で、GDP比で1・09%となった(防衛関係費として7738億円を計上、当初予算との合計6兆1000億円)。補正予算込みの防衛費がＧＤＰ比で１％を超えたケースは12年度以降で８度目。すでに珍しくはなくなっていたものの、それでも21年度のパーセンテージは突出していた。

そして安保三文書で、22年度のＧＤＰ比で２％に達する予算措置を27年度に講じるとさらに踏み込んだのだ。一気にほぼ倍になる。

岸田氏は記者会見で、ＮＡＴＯ（北大西洋条約機構）諸国の防衛費がＧＤＰ比で２％以上を目標に置いている国際情勢を理由としてあげた。

「ＮＡＴＯをはじめとする各国は安全保障環境を維持するために、経済力に応じた相応の防衛費を支出する姿勢を示しており、こうした同盟国、同志国などとの連携も踏まえて取り組みを加速してまいります」

岸田氏がこのように発言した背景には諸外国の動きもある。

ＮＡＴＯは加盟国に対してＧＤＰの２％以上を国防費とするように要求している。日本はＮＡＴＯに加盟していないが、22年７月に行われた参院選では、自民党の公約に「ＮＡＴＯのＧＤＰ比目標（２％以上）を念頭に、来年度から５年以内に防衛力を抜本的に強化する」と明記された。

新たな中期防のもとで編成された23年度予算の防衛費は約６兆８０００億円でＧＤＰ比１・２％に、24年度予算では防衛強化関連経費との合計が約８兆９０００億円で同１・６％

に到達している。

平和国家として歯止めとなっていた防衛費1%枠は完全に失われた。

決定過程はブラックボックス

私が何より問題だと考えるのは、安保三文書が改定されるまでの過程が、まったく可視化されていない点だ。

改定へ向けた動きそのものは見えていた。自民党の安全保障調査会が、防衛力強化の内容や予算、財源をセットで22年の年末に発表する方針を示していたからだ。安全保障調査会とは、税制調査会、選挙制度調査会などとともに、自民党内に30前後設けられている政策を検討するグループの一つだ。

しかし、いざ国会での質疑になると、政府は「検討中」といった答弁に終始。野党からは「もっと情報を出さなければ、国会で深い議論ができない」といった批判の声が上がった。

実際にはその間に「新たな国家安全保障戦略等の策定に関する有識者との意見交換」（以下、有識者意見交換）を皮切りに「国力としての防衛力を総合的に考える有識者会議」（以下、有識者会議）、自公両党の国会議員による「実務者協議」が間断なく行われていた。

「有識者意見交換」は政府が知見を得るのを目的としており、メンバーは学識経験者や研究者がメインとなっている。「有識者会議」は、政府が方針を決定する会議で、こちらは外務省や防衛省の元幹部らだ。

有識者意見交換は22年1～7月にかけて17回にわたって開催され、国家安全保障局が52人の有識者にヒアリングを重ねた。しかし、議事録は作成されず、公表された会合の要旨は簡素化され、議論の全体像はほとんど見えない。

同年9～11月にかけては有識者会議が開催された。出席者は10人。公表された議事要旨によれば、わずか4回の開催で防衛増税の方針が明記され、さらに敵基地攻撃能力の保有が提言されている。

そして、10月中旬から15回にわたって開催された与党実務者協議は、議事録はもとより議事要旨も非公表だ。完全な密室で敵基地攻撃能力の保有や防衛費の大幅な増額を軸とする素案がまとめられ、岸田首相を議長とするＮＳＣへ答申された。ＮＳＣでの議論内容も非公表だ。

実務者協議そのものも非公開で、終了後に記者がぶら下がり取材を試みても、自公両党の議員は「合意前なので」と応じないケースがほとんどだった。

ＮＳＣに所属していた経産省の官僚に話を聞くとこんな話をしてくれた。

「とにかく機密扱い事項が多く、携帯の持ち出しも含めて保秘が徹底して厳重に管理されている。子育てをしているのだが、メールさえできず大変だった」

こうした状況もあり、ＮＳＣの具体的な協議内容が漏れることはほとんどなかった。

あらためて一連の流れを振り返れば、初めから安保三文書改定という結論ありきで、会議や意見交換はアリバイ工作にすぎなかったとしか思えない。

安保三文書改定で合意した翌日の東京新聞は次のような大見出しとともに、自公両党の動きを一面で批判を込めて報じている。

「安保大転換　国会素通り」（22年12月13日）

東京新聞などが報じてから3日後には、岸田政権はＮＳＣ閣僚会合と閣議決定で安保三文書改定を承認した。すでに臨時国会は閉幕していて、論戦をいっさい経ないまま、国のあり方を根本から変える一歩が踏み出されてしまったのだ。

岸田首相は記者会見で、与党内の議員だけでなく国民も閣議決定に至るまでのプロセスを唐突と受け止め、拙速と感じているのでは、と指摘する質問に対して、「決定までのプロセスにおいて、問題があったとは思っていません」と言い切った。

政権側の姿勢を質しても「問題はない」「批判には当たらない」と、暖簾に腕押しの答弁が返ってくる質疑は第二次安倍政権から変わらない。

問題は安保三文書改定だけにとどまらなかった。第一章の冒頭で記した防衛装備移転三原則とその運用指針の見直しが、まったく同じ手法で進められようとしていたからだ。

協議も議事録も

安保三文書改定をうけ、防衛装備移転三原則とその運用指針の見直しへ向けた協議が、23年4月にスタートした。与党検討ワーキングチームによるもので、メンバーは自公両党の国会議員12人だ。内訳は自民党議員7人、公明党議員5人で、座長は防衛大臣を務めた経験を持つ自民党の小野寺五典（おのでらいつのり）議員が務めた。防衛省など関係する省庁の職員がオブザーバーとして出席し、協議の説明役も担った。

協議は同年12月まで計23回にわたって開催されたが、協議の冒頭を除いてすべて非公開。議事録もいっさい公開されていない。その間の国会質疑でも、政府は「与党内で協議中だ」とほぼ同じ答弁を繰り返し、中身を語ることはほとんどなかった。

ただ、報道によって協議の一端が少し伝わってきた。そのなかで私が驚いたのは、5月16日に行われた第4回協議におけるやりとりだ。

5月18日の東京新聞などの報道によれば、協議に出席した元防衛官僚で、第二次安倍政権で内閣官房副長官補を務めた高見澤将林（たかみざわのぶしげ）氏が、武器輸出三原則が防衛装備移転三原則に見直された際の知られざる議論を、次のように証言していた。

「（防衛装備移転三原則が定められた14年）当時は自衛隊上の（殺傷能力のある）武器も（輸出対象に）入る、との前提で議論していました。対象から除く、という議論はありませんでした」

私はこれを読んだとき、本当に驚いた。一体いつから殺傷能力のある武器も輸出できることになっていたのか。

高見澤氏が官房副長官補を務めた当時は、公明党の反対もあって、完成した武器の輸出は実現しなかった。31ページでも触れたが、完成品に関しては救難、輸送、警戒、監視、掃海の5類に限定されていた。実際、完成した武器の輸出はフィリピンへの警戒管制レーダーだけとなっていたのは第一章で述べたとおりだ。

しかし殺傷能力のある武器は14年の時点で輸出の対象に入るとの前提だった、というのだ。策定から10年目を迎えていた防衛装備移転三原則のもとで、高見澤氏の発言を奇貨として、その解釈が自民党内で一気に広がっていたようだ。

5月24日の第5回協議。メディアに公開される冒頭部分で挨拶（あいさつ）に立った小野寺座長の言葉からも、新たな事実に驚き、ざわついている自民党の様子がわかる。

「殺傷能力のあるものはいっさい装備移転できないと、いままで思っていた」

殺傷能力を伴う武器輸出を協議するハードルが下がったと自民党内がにわかに活気づいていた跡は、議事録が公開されている国会論戦からも伝わってきた。

23年6月1日に行われた参議院外交防衛委員会。質問に立った日本共産党の山添拓(やまぞえたく)議員が政権の姿勢を浜田靖一防衛相に質している。

「安保三文書の改定に向けて政府が設置した、国力としての防衛力を総合的に考える有識者会議の第1回では、日本経済新聞社の喜多恒雄(きたつねお)顧問が『長い間、日本は武器を輸出することを制約してきた。それが日本の防衛企業の成長を妨げてきた。この制約をできる限り取り除くべきだ』と述べています。

武器輸出の拡大で販路を広げ、軍需産業を成長させようという狙いが露骨に語られているわけです。現在の防衛装備移転三原則とその運用指針では殺傷能力のある兵器は輸出の対象から除外されています。これはなぜですか」

答弁に立った浜田防衛相は「まず防衛装備移転三原則及び運用指針においては、ご指摘された殺傷能力のある兵器の移転が可能か否かについて言及されておりません」と強調。その上で原則論を展開した。

「運用指針において、完成装備品の移転を認め得るのは、基本的に救難、輸送、警戒、監視及び掃海に該当する場合に限定されています。また、実際の防衛装備品の海外移転については防衛装備移転三原則等に従って個別に判断することとなるため、予断を持ってお答えすることは困難であります」

これに対して山添議員はすかさず「いまでも禁止されていないかのような言いぶりですが」とたたみ掛けた。

「五つの分野に限定されているがゆえに、原則として殺傷能力のある兵器についての輸出はできないという立場を取ってきたはずです。大体、武器輸出禁止三原則を防衛装備移転三原則に変えた際には、その呼び名を変えたこと自体をもって、ブルドーザーのような重機も対象にしていく、だから武器ではなく装備品という説明をみなさんはされていたわけです。

それを今度は、いまでも殺傷能力のある兵器も排除しているわけではありませんとおっしゃる。またもやなし崩しに拡大しようとしています。そして、いよいよ公然と殺傷能力のある兵器まで海外で売りさばこうとするなら、これは前回の参考人質疑でも指摘がありましたが、死の商人国家への堕落と評価されるのも当然だと私は思います」

山添議員が質問のなかで言及した前回の参考人質疑とは、2日前に行われた参議院外交防衛委員会内のやりとりだ。ここでは、防衛生産基盤強化法案に関する参考人質疑が行われた。防衛生産基盤強化法案とは防衛力の抜本的強化に向け、装備品の開発や政府系金融公庫による資金の貸し付けなどによって財政面での支援を行うもので、つまり生産基盤を強化する法律だ（その後成立、23年10月施行）。

その参考人質疑に、第一章でも紹介した武器取引反対ネットワーク（ＮＡＪＡＴ）の杉原浩司代表が出席した。杉原さんは、防衛装備移転三原則見直しへ向けた与党協議で、殺傷能力のある武器輸出が俎上（そじょう）に載せられていた点を、死の商人国家という言葉を用いて批判していた。

「公然と殺傷能力のある武器輸出に踏み込むことは、大きな政治的意味を持つでしょう。要するにそれは、平和国家から死の商人国家への堕落です。本法案に仕組まれた武器輸出経費の一部への税金投入は、危険な道を加速させるものにほかなりません」

しかしこの言葉は出席した国会議員の反論を招いていた。たとえば自民党の松川（まつかわ）るい議員は「レッテル貼り」という言葉を用いてこう批判した。

「死の商人である、などといったレッテル貼りのなかで、防衛という国家として極めて第一に取り組むべき重要分野に携わっている防衛産業のみなさまが、あたかも後ろ指を指される、といった状況を招いてはいけない」

日本維新の会の音喜多駿議員も次のように言及した。

「死の商人とか強い言葉もありますけど、平和を目指す、という一致点は変わらない。できる限り前を向いて、そういった議論を今後もしていければ」

杉原代表は一歩も譲らなかった。

「防衛産業の方々にとって、従来通り自衛のための武器を造るのか、それとも敵基地攻撃に使われ、あるいは輸出される武器が他国の人々を殺傷しかねないような事態とでは、武器を造る当事者の受け止め方が全然違う。防衛産業の方々が後ろ指を指されるようなことをやらせようとしているのが、武器輸出を促進しようとしている政府・与党であり、この法案に賛成されている会派のみなさんじゃないんですかと言いたい」

防衛産業に携わる人たちの思い

2024年3月21日、杉原さん率いるNAJATと共に、消費者団体の日本消費者連盟(日消連)と主婦連合会(主婦連)が都内で会見し、次期戦闘機の共同開発に参加している三菱重工業と三菱電機の製品の不買運動などを呼びかけた。

両社が共同開発に参入している日本、英国、イタリアの3か国による次期戦闘機は、第三国に輸出可能になる見込みだった。日消連の纐纈美千世事務局長は会見で「人の命を奪う武器をつくろうとする動きは、全力で止めなきゃいけない」と訴えていた。

3団体は会見日に、次期戦闘機の共同開発や武器輸出の中止を求める要請書を両社に提出した。両社に「死の商人にならないで」と訴えるはがきを送る運動も始めている。防衛産業にてこ入れを進める政府・与党に対し、杉原さんをはじめとする消費者、市民が抗(あらが)い、手紙やはがきを送ったり、デモをしたりし続けている。

私がかつて取材した愛知県名古屋市内の精密機器企業の社長に連絡してみた。安保三文書など政権の動きをどう見ているのか。

「防衛軍拡の影響で防衛関係の仕事は確かに増えた。国を守るための技術や部品の提供ということならまだよくわかる。ただ、自分たちの技術が、その先で人を殺(あや)めるために使われるということだとすると、それはやはりちょっと違うと思う。攻撃するためではなく、あくまでも国を守るための技術として部品や機器を使ってほしいのが本音だ」

また、三菱重工業や川崎重工業などの大手防衛企業から仕事を請け負っている中小企業の経営者たちからも話を聞いてみた。先ほどの社長と同様に、仕事が増えることの安堵(あんど)感を語りつつ、これまでの自分たちの「守る」技術や商品が人を攻撃し、時に殺めることにつながることへ懸念を示す人が一定数いた。

私は取材しながら、現場の人の迷いにほっとする一方で、その懸念を今後も持ち続けてくれるのだろうかという不安に襲われた。これまで憲法9条により殺傷能力兵器の輸出に歯止めをかけていた政府が、それを解いた。防衛を主として技術や商品を開発してきた企業が、徐々にその状態に慣れ、順応し、人を殺める技術の開発や輸出にもどんどん前のめりになっていってしまうのではないか――いいようのない怖さを感じた。

武器を作るのは民間企業

防衛省が発表している「我が国の防衛産業と装備移転」（24年10月）には、日本の防衛産業について次のような記載がある。

「自衛隊は、高度な技術の適用された装備品等を用いて初めて、我が国防衛の任務を全うできる。すなわち、装備品等の開発・生産を担う防衛生産・技術基盤は、我が国の防衛力そのもの。その基盤は、大企業から中小・小規模事業者まで、多数の民間企業（防衛産業）により構成されている」

ここに書かれている通り、日本の防衛は民間企業の技術がなくては成り立たない。日本の防衛産業は、三菱重工業、川崎重工業、NECなど、大メーカーが支えている（図2-5）。とはいえメーカーだけで完成するわけではない。一つの製品に携わる下請け企業の数は膨大で、戦車なら約1300社、護衛艦なら約8300社にものぼるという。

順位	社名	納入金額（億円）	主な納入品
1	三菱重工業	16,803	島嶼防衛用高速滑空弾、救難ヘリコプター
2	川崎重工業	3,886	P-1固定翼哨戒機、C-2輸送機
3	NEC	2,954	自動警戒管制システム等用装置
4	三菱電機	2,685	中距離地対空誘導弾、空対空誘導弾
5	富士通	2,096	防衛セキュリティゲートウェイのサービス
6	東芝インフラシステムズ	1,283	捜索用レーダ、短距離地対空誘導弾
7	IHI	1,257	水中無人機、P-1用エンジン
8	日立製作所	793	航空自衛隊クラウドシステム
9	伊藤忠商事（伊藤忠アビエーション）*	643	C-2搭載電子機器構成品
10	宇宙航空研究開発機構	580	宇宙状況監視（SSA）衛星システム
11	日本製鋼所	570	榴弾砲
12	SUBARU	466	多用途ヘリコプター
13	ジャパンマリンユナイテッド	324	哨戒艦
14	出光興産	313	航空タービン燃料Jet
15	OKI	280	ソーナー装置、えい航式パッシブソーナー
16	ENEOSHLD（ENEOS）*	275	航空タービン燃料JP-5
17	中川物産	264	航空タービン燃料JetA-1
18	住友商事（住商エアロシステム）*	264	赤外線探知装置修理用測定器
19	コマツ	240	対戦車榴弾
20	三菱商事	227	着艦拘束装置

図2－5　2023年度の防衛企業の売上高トップ20。＊は（　）内の子会社が契約主体であることを示す（出典　会社四季報オンライン24年9月4日）

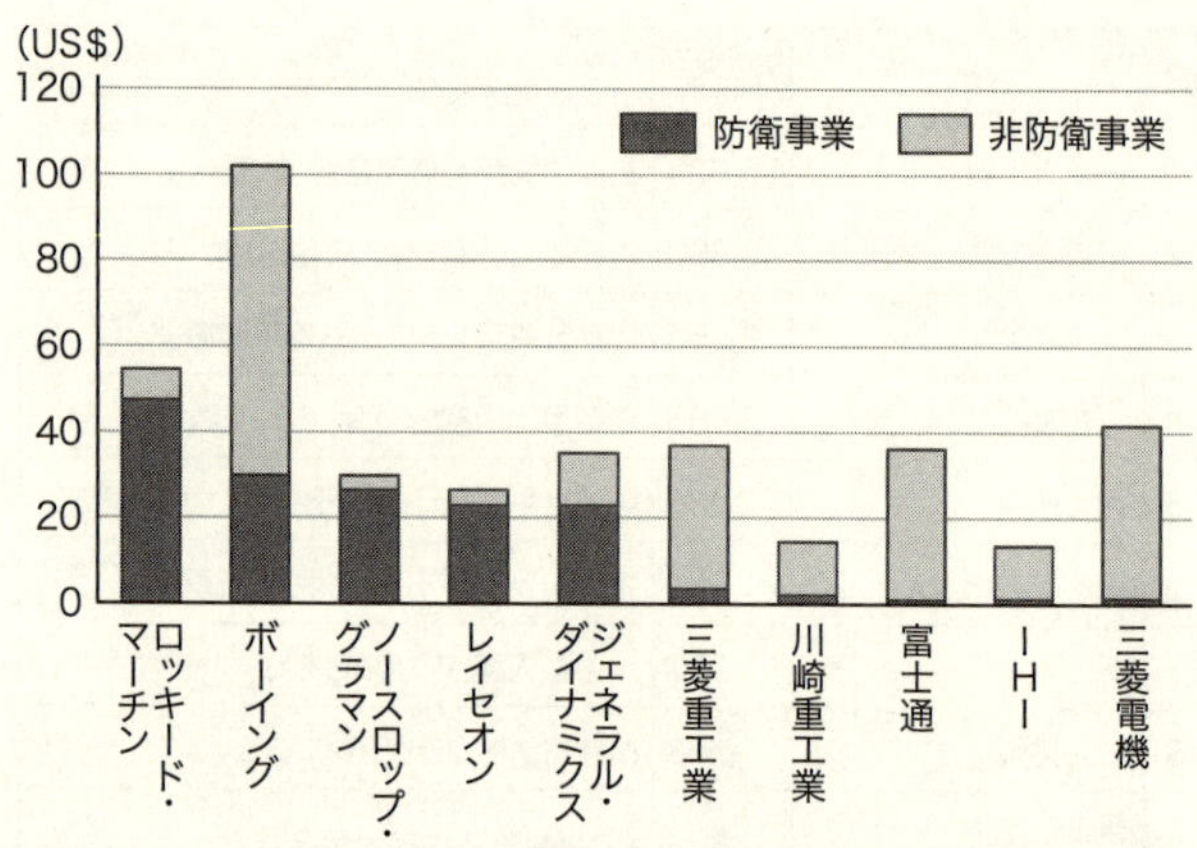

図２‐６　企業の売り上げの中で防衛部門が占める割合（出典　財務省広報誌「ファイナンス」24年１月「国内防衛産業の将来」）

こうした防衛産業は、企業にとって大崩れもなければ大きく儲(もう)かることもない、ある意味で力を入れづらい分野だった。実際、日本にはアメリカや韓国などのように軍事を専業とする企業はほとんどなく、企業の一部門が役割を担っているのが現状で、売り上げ規模に占める割合は大きくない（図２‐６）。

機密情報の取り扱いやレピュテーションリスク（ネガティブな評判などが広がり企業信用低下を招くリスクのこと）が高く、武器の高度化、複雑化にあって管理も膨大になっている。千を超す企業とのやりとりも並大抵のことではないだろう。

こうした多くの制約により、近年、防衛企業の撤退が相次いだ。撤退した会社は20年間で１００社以上にのぼるという（図２‐７）。

2019年	コマツ	軽装甲機動車	▶撤退
2020年	ダイセル	パイロットの緊急脱出装置	▶撤退表明
2021年	三井E&S造船	艦艇の製造	▶三菱重工業に譲渡
	住友重機械工業	陸自向けの機関銃	▶撤退
2022年	横河電機	操縦席用ディスプレー	▶OKIに事業譲渡
	KYB	輸送機用の油圧機器	▶撤退表明

図2 - 7　撤退や事業譲渡した防衛企業（出典　朝日新聞22年12月8日）

14年に防衛装備移転三原則が制定されて以降、コロナの影響もあり、武器輸出が急激に増えたようには見受けられない（図2 - 8）。

世界各国のニーズにこたえるためには、第一章でも記したように韓国をはじめとする世界各国のメーカーと競い合わなくてはならない。

アメリカの大手軍事行の幹部は、日本の武器輸出についてこんな話をしてくれた。

「日本企業はレピュテーションリスクに非常に敏感だ。軍需産業＝悪、というイメージが日本には根強い。防衛予算が右肩上がりで増え、殺傷能力を持つ武器の生産が解禁されたとき、企業側はどのように考えるのか。どのような武器でも輸出できる、となっても、ならば日本の社会や企業が順応できるかどうかに対してはクエスチョンマークをつけざるを得ない。

一方で政府の後押しもあり、武器輸出が盛んに推し進めら

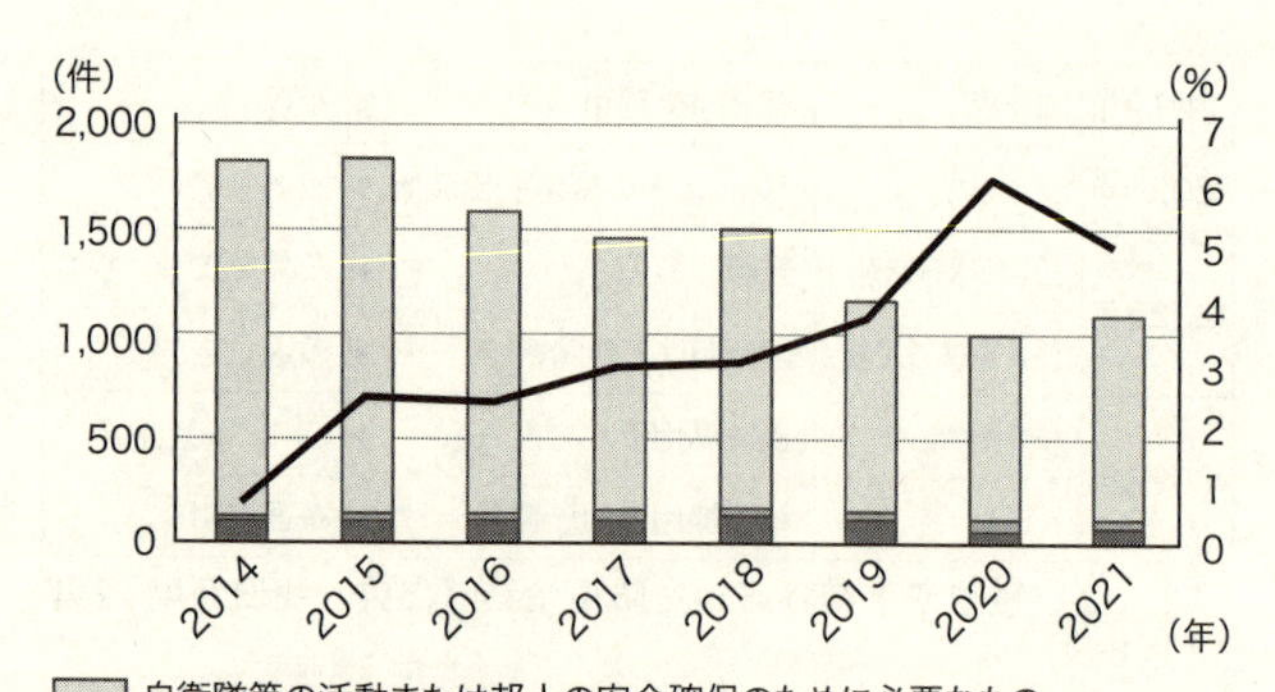

図２－８　防衛装備品輸出の許可件数の推移（出典　図２－６と同じ）

れてきた韓国やトルコなどは経験も豊富で、量産体制も整っている。対照的に、日本はライセンス生産品を除いて、独自で製造した武器の威力がまだ実証されていない。価格的にも韓国やトルコより廉価な武器を輸出できるのか。そういった意味でも、日本の防衛産業は世界からそこまで高く評価されていない。必然的に輸入をためらわれる。この先、武器輸出がさらに解禁されていく状況になっても、一気呵成にものごとが進むとは思えない」

武器輸出を淡々と経済効率の面から語ることに衝撃を受けたが、ビジネスという点ではその通りなのだろう。

慎重ムードが一転、岸田特需に沸く防衛産業

こうした状況を受け、23年10月には「防衛

生産基盤強化法」が施行され、防衛企業を支援する法的な枠組みが定められた。これにより、武器を製造する企業の取り組みに対して、防衛省が直接経費を支払うことが可能となっている。実際、この制度で23年度は36件99億円が認定された。また、防衛省が武器を発注する際、企業の利益率が8％程度から15％へと引き上げられた。

24年7月4日の東京新聞では「『岸田』特需に沸く防衛産業　手厚い政府支援に高い関心…やればやるほど『アメリカの下請け化』が加速する」（中沢穣記者）という記事が載った。防衛装備庁は、防衛生産基盤強化法に基づく企業支援について、日本各地で説明会を開催。24年の4～7月だけで10回以上行ったという。

さらに、政府が27年度までの5年間の防衛費の総額を43兆円に増やす方針を決定したため、防衛省はメーカーへの発注を拡大した。

こうした政策を受けて、防衛企業の慎重、停滞ムードは反転した。業界トップの三菱重工業の23年決算では、防衛・宇宙事業の売り上げ収益が、前年比28％増の6064億円と過去最高に。受注高も+237％の1兆8781億円へと拡大。川崎重工業も防衛事業の23年度の受注高が6926億円と、前年度3455億円の倍以上となった。24年における東証プライムの株価上昇ランキングでも、IHIは3位、三菱重工業は9位、川崎重工業は18位と、3社が20位以内に入っている。

輸出面では先に述べたように、世界各国の厳しい視線もあり、一気に拡大するかは見通せないが、少なくとも国内にあった輸出に関するくびきが一気に外れたのは事実だ。

ロシアのウクライナ侵攻をめぐって

殺傷能力のある武器の輸出――政策の大きな転換を為政者たちが意識しなかったとは思えない。その背景にあったものの一つは、22年2月のロシアのウクライナ侵攻だろう。

安保三文書が改定される前の22年2月下旬～3月上旬、自民党内で輸出の是非に関しての激しい議論が交わされた。2月24日のロシアの軍事侵攻開始を受けた直後のウクライナから、物資支援を要請するレターが岸信夫（きしのぶお）防衛相のもとへ届けられていたからだ。NATO加盟国を中心とする世界各国は、ウクライナに対して前例がない規模の軍事支援を表明していた。

たとえばドイツは紛争地に武器を送らない慣例を転換させ、ウクライナに対戦車ロケット弾発射器などの供与を決定。中立国だったスウェーデンとフィンランドも兵器供与を表明し、両国はその後にNATOへ加盟している。アジアでは韓国が軍服や装具類を、台湾が医療品や医療機材を提供するとしていた。

ウクライナからのレターには対戦車兵器や対空ミサイルシステム、弾薬、レーダー、無人航空機、防弾チョッキ、ヘルメットなどが圧倒的に不足しているとの窮状が訴えられていた。

とはいえ、日本の防衛装備移転三原則には「国連安全保障理事会の決議に違反する国や紛争当事国には輸出しない」と明記されている。

ウクライナは紛争当事国となるため、現行ルールでは武器を輸出できない。一方で国連安全保障理事会の決議には違反していない国であり、関係省庁内で武器を輸出できる可能性はあると解釈された。

殺傷能力を持つ武器はいうまでもないが、防弾チョッキやヘルメットも、救難、輸送、警戒、監視、掃海の5類に該当しないために輸出できない。そこで政府はウクライナが国際法違反の侵略を受けていると認定し、今回に限って輸出が可能となるように防衛装備移転三原則の運用指針を一部改定した。

特例を重ねた末に、NSCは3月4日に防弾チョッキやヘルメットに加えて防寒服、テント、衛生資材、非常用食料、発電機などの自衛隊装備品の無償提供を決定。これらを積み込んだ航空自衛隊機が同8日に、ウクライナの隣国ポーランドへ向けて飛び立った。

ウクライナのウォロディミル・ゼレンスキー大統領と、4日に電話会談している岸田首相は「困難に直面するウクライナを支えるため、一日も早く必要な物資を届けたい」と語っていた。

ただこのとき、ウクライナへ無償提供された物資には政権与党の思惑が反映されていたわけではなかったようだ。

それに気づかされたのは、ロシアのウクライナ侵攻から約1年が過ぎた23年2月2日。衆議院予算委員会で質問に立った、自民党の熊田（くまだ）裕通（ひろみち）議員が、防衛装備移転三原則とその運用指針を緩和していく意義を訴えたときのことだ。熊田氏は、安全保障調査会事務局長を務めている。

熊田氏は防衛大臣の浜田氏に対して、こう質問した。

「これまでに自衛隊の装備品や物資を不用決定した上で、防弾チョッキなどをウクライナに提供してきました。しかし、現在の防衛装備移転三原則ではウクライナの防衛という目的であっても、他国の戦車供与のように殺傷力のある装備品は移転できません。

我が国からの装備移転により、東南アジア諸国の海上防衛能力を向上させることが地域の平和につながると考えておりますが、現在の制度では、仮に我が国と協力関係のある国が我が国の技術を信頼して護衛艦や潜水艦の移転を求めたとしても、国際共同開発や共同生産を除けば、我が国は完成品をそれらの国へ移転できません。

直接的な殺傷や破壊を行わない防衛装備品であっても、救難、輸送、警戒、監視、掃海の五つの類型に当てはまらなければ諸外国に移転できません。通信機材や音響観測艦も移転できません。施設整備のためのブルドーザーや人道的側面の強い地雷を除去するための装備品ですら、現在の制度では移転できないのです」

質問というよりは持論が展開される状況に、さすがに他の出席者から野次が飛んだ。熊田氏は「もう少しで質問に移ります」とはさみ、さらにこう続けた。

「東南アジアや南西アジアにはインドをはじめ、防衛力の根幹である防衛装備品の多くをロシアや中国から輸入している国家があるのも現実です。これを踏まえれば、装備移転について殺傷性があるかないかという性質に着目するのではなく、相手国という点に着目して、移転先が安全保障上、我が国として関係を深めていく国であるかどうかということから装備移転を考えていく方法もあるのではないかと私は考えております。（中略）

装備移転の意義を踏まえて、官民が一体となって政府が装備移転を主導する姿勢を明確にして、これらの課題を解決していく必要があると考えていますが、防衛大臣の認識をおうかがいいたします」

つまり、殺傷能力の有無も5類型の堅持も問う必要はなく、相手国に注目して判断せよ、ということだ。私には暴論としか思えなかった。

そして思い出したのが先に記した22年3月の防弾チョッキやヘルメットの無償提供のことだった。自民党にとっては不本意だったのかもしれない。

防衛大臣の浜田氏も同じ思いだったのだろうか、熊田氏に同調するようにこう答えた。

「（前略）委員のご指摘のとおり、装備移転にはさまざまな課題があると我々も考えております。政府が主導して、官民一層の連携の下に装備移転を推進していく考えでございます」

そして砲弾も…

政権の方向転換の背景には、外圧もあった。ロシアのウクライナ侵攻以降、日本に対して殺傷能力を持つ武器の輸出を求める動きが続々と表面化している。

ウクライナへの軍事支援を続けるアメリカが、砲弾を増産するために必要な火薬の提供を岸田政権へ求めているとロイター通信や読売新聞が報じた。

ウクライナは大砲の一種である１５５ミリ榴弾砲（りゅうだんほう）をロシアとの地上戦の要（かなめ）にすえ、最低でも月に36万６０００発の砲弾が必要になると計算。このうち25万発をＥＵに、残りをアメリカなどにそれぞれ要求した。

アメリカは国内に備蓄されていた分で対応してきたが、戦闘の長期化とともに状況も大きく変わり、23年当時は月1万４４００発だった生産量を、25年までに月9万発以上へ大幅に増産させる方針を固めた。すると、今度は砲弾製造に必要なトリニトロトルエン（ＴＮＴ）火薬が国内で枯渇。製造体制を維持するために、トリニトロトルエン火薬の調達先を同盟国の日本に求めたのだ。

アメリカの要求はそれだけにとどまらなかった。今度は１５５ミリ榴弾砲（写真２-２）用の砲弾（写真２-３）そのものの輸出をめぐって日本政府との間で協議が行われていると、ウォール・ストリート・ジャーナルが報じた。同紙は、アメリカ最大の発行部数を誇る経済紙で、報じたのは6月15日のことだ。

写真２-２　155ミリ榴弾砲（写真　陸上自衛隊HP）

写真２-３　155ミリ榴弾砲の模擬砲弾（写真　陸上自衛隊HP）

１５５ミリ榴弾砲用の砲弾は自衛隊が常備している弾丸で、イギリスの大手武器メーカー、ＢＡＥシステムズが設計及び開発。日本では日本製鋼所（本社・東京都品川区）が同社に特許料を支払うライセンス生産で、自衛隊へ向けて製造している。

自衛隊に備蓄はあるが、防衛装備移転三原則のもとでは殺傷能力を持つため輸出できない。

それでも、同日午後の定例会見に臨んだ松野博一内閣官房長官は、１５５ミリ榴弾砲用の砲弾の輸出をめぐる質問に対して慎重な答弁に終始していた。

「日米間では平素からさまざまなやりとりを行っていますが、具体的な内容についてのお答えは差し控えさせていただきます。なお、防衛装備品の移転については、防衛装備移転三原則及び運用指針に従って、適切に行われる必要があると承知しております」

松野官房長官の答弁を、私は「そうですか」と聞き流すことはできなかった。現行ルールのもとでは殺傷能力を持つ１５５ミリ榴弾砲用の砲弾は輸出できないと、なぜ言えないのだろう。アメリカへの輸出に、なぜ毅然とした態度を示せないのか。

大きな危機感を覚えた私は、６月29日の午後に行われた松野官房長官の定例会見に出席した。

ちょうどそのとき、退役する航空自衛隊のＦ15戦闘機約１００機のエンジンを、インドネシアへ提供する方向で政府と与党が調整に入ったと複数のメディアが報じていた。従来の５類型に部品を追加する形で防衛装備移転三原則の運用指針を見直し、インドネシアの要望に応える——といった協議の具体的な中身も伝えられていた。

私はまず、与党検討ワーキングチームが殺傷能力を持つ武器の輸出解禁へ向けて協議している状況について質した。

「アメリカが155ミリ榴弾砲用の砲弾の提供を、ウクライナに対する関係で求めている、という報道について、官房長官はやや慎重な見解を示していました。砲弾を認めた場合、今後も殺傷能力を持つ武器の積極的な輸出を政府として推奨していく考えなのでしょうか」

事前に質問内容を通告していないので、松野氏は私の質問中に内閣府職員から答弁の参考になるメモを受け取っていた。いつもどおり、表情をまったく変えずに、淡々とした口調で原則論を展開した。

「まず与党のワーキングチームの議論に関しましては、政府としてコメントすることは差し控えさせていただきます。防衛装備移転三原則及び運用指針をはじめとする制度の見直しについては、与党における検討も踏まえつつ議論を進めているところであり、現時点では何ら決まったものではありません」

予想された答弁だったが、もちろん納得できない。私は「関連で」と断りを入れて質問を重ねた。

「現時点では殺傷能力のある武器を送るべきかどうかについて、政府として見解は出しかねるということでいいのでしょうか。すでにF15戦闘機のエンジンをインドネシアに対して提供する、という報道も出ております。いわゆる攻撃能力を持つような武器が、徐々に日本から積極的に輸出される方向に舵を切っているように見えますが、政府として踏み切る、ということも含めた検討なのか。お答えいただけますか」

再びメモを受け取った松野官房長官は、しかしほぼ同じ答弁を繰り返すだけだった。

「先ほど申し上げました通りでありますが、防衛装備移転三原則や運用指針をはじめとする制度の見直しに係る、具体的な内容については決まっておらず、内容に関するご質問にお答えすることは困難であります」

残念だが、決定的な答弁を引き出すことはできなかった。

アメリカのダブルスタンダードを黙認

7月7日にはアメリカの発表が世界中を驚かせ、そして震撼させた。砲弾不足が深刻化するウクライナへ、数十万発のクラスター弾を供与すると発表したからだ。

一つの爆弾から多数の小型爆弾が広範囲に飛び散るクラスター弾は、殺傷能力が極めて高いだけでなく、不発弾が子どもを含めた民間人を死傷させる危険も伴う。2010年にはクラスター弾の使用、開発、製造、取得、貯蔵、保持、移譲を禁止するオスロ条約が発効し、日本を含めた100か国以上が署名している。ただ、アメリカはこれに署名していない。ウクライナやロシアも同様だ。

アメリカはウクライナへ供与するクラスター弾について、通常のクラスター弾よりは威力が小さく、最小限の被害にとどめられる、として理解を求めた。具体的には、1発のなかに搭載される小型爆弾は88個にとどまり、不発率も3％未満で、30～40％とされるロシア製のクラスター弾よりはるかに低いという。

同条約に署名しているイギリスの公共放送局、英国放送協会の「ＢＢＣニュース」は、アメリカの姿勢を公然と批判した。アメリカはこれまで、ロシアがウクライナ侵攻で頻繁にクラスター弾を使用していたことを「戦争犯罪だ」と非難してきたからだ。

「クラスター弾はおぞましく残酷な無差別兵器だ。世界の大半で禁止されているのは、それなりの理由があってのことだ。しかしながら、今回の動きはアメリカの偽善を象徴するものとして批判されるだろう」

国連人権高等弁務官事務所をはじめ、さまざまな人権団体からも批判の声が上がった。対照的に松野官房長官は「アメリカとウクライナの2国間のやりとりに関するものであり、我が国としてコメントすることは差し控えたい」（7月10日の定例会見）と答え、日本政府としての立場を明確にしなかった。

実質的に黙認したと受け取れる答弁に納得ができなかった私は、12日午後の定例会見に出席。岸田政権の判断をあらためて質した。メモを受け取った後に返ってきたのは、またも残念な答弁だった。

「二国間のやりとり等々に関しては、外交上の事案でもございますので、詳細は控えさせていただきたいと思います」

同盟国のはずのアメリカに対して、非人道的な兵器の供与を諌められない。殺傷能力に対する感覚が麻痺しているのではないか。翌13日も、ウクライナ軍がクラスター弾を初めて使用した翌21日も、定例会見で政府の見解を質したが、松野氏からは同じニュアンスの答弁が返ってきただけだった。

次々と拡大する運用指針

防衛装備移転三原則と運用指針を見直す与党検討ワーキングチームは、23年7月の第12回協議で中間報告を取りまとめている。前述したとおり、この検討会は冒頭以外、記者に非公開で、密室内で議論されているといってよく、わずか12人の国会議員によって進められていた(67ページ参照)。

その報告書には、殺傷能力を持つ武器の輸出解禁を加速させようとする動きが鮮明に記されていた。

たとえば救難、輸送、警戒、監視、掃海の5類型に関して、これらの目的に当てはまれば殺傷能力を持つ武器の輸出は可能、と明記された。具体例をあげれば、活動する上での必要性や正当防衛などの理由があれば、救難艇や輸送機、掃海艇などに機関砲や火砲などの武器を搭載するのはやむをえない、とする。従来の政府解釈が拡大された。

そもそも自民党は5類型自体の廃止を主張し、公明党は必要な類型の追加を主張していた。

ほかにも、たとえば国際共同開発された武器はこれまでも輸出が認められていたが、輸出先は、共同開発国のみだった。しかしながら、相手国から第三国への輸出、さらには日本から第三国への輸出も認める方向で議論すべきだと提案された。

「殺傷能力を持つ自衛隊法上の武器」の範疇（はんちゅう）に、「部品が含まれるかどうかの議論も急ぐべき」と提案された。この章で記した、退役する航空自衛隊F15戦闘機約１００機のエンジンを、インドネシアへ提供するプランが念頭に置かれている。

共同通信が5月に実施した世論調査では、殺傷能力を持つ武器の輸出解禁の賛成は20%にとどまっていた。対照的に全面禁止派は23%に、従来通りの武器輸出にとどめるべきだとしたのは54%にそれぞれ達した。世論は依然、慎重な姿勢がうかがえるが、ワーキングチームはなし崩し的に解禁を進める方向性を打ち出した。

岸田首相もその状況を加速させた。中間報告を支持するだけでなく、秋以降の再開が予定されていた協議をできるだけ早く実施するように指示したのだ。8月中旬に開催が決まっていた日米韓3か国首脳会談で、アメリカのバイデン大統領へ議論が進展していると伝えたかったのだろう。

改めて、防衛装備移転三原則の改定のポイントをまとめた(図2-9)。

図2-9の五つ目は特に大きな改定といっていいだろう。アメリカのライセンス製品、しかも部品だけだったものが、アメリカはもとよりアメリカ以外の国であっても、ライセンス製品の完成品が輸出できるようになった。

これまでの歴代政府は武器輸出に制限を設け、積極的平和主義を錦(にしき)の御旗(みはた)として掲げてきた。しかしこの運用の拡大を見れば、その制限がかなり緩んだといっても言い過ぎではないだろう。日本から輸出された殺傷能力のある武器が紛争を助長しかねない。

12月22日夜に首相官邸のエントランスホールでメディアの取材に応じた岸田氏は、積極的平和主義と紛争助長のギャップを問う質問にこう答えている。

「防衛装備移転三原則そのものは維持しており、力による一方的な現状変更の阻止など、国際秩序を守っていくために貢献していく。平和国家としての歩みを堅持する方針も変わりなく、国民に取り組みの積極的な意義について丁寧に説明を続けていきたい」

輸出可能な5類型	本来業務に必要な武器の搭載が可能に。一方で類型の拡大に関しては、与党内で継続審議とされた。
国際共同開発	日本から第三国への部品や技術の輸出が可能に。ただ、完成品の輸出は与党内で継続審議とされた。その後、完成品も第三国へ輸出可能に。
部品の輸出	安保協力関係にある国に対しては総じて輸出可能に。
被侵略国への輸出	ウクライナをはじめとする被侵略国に対して自衛隊法上で武器に当たらない装備品の輸出が可能に。ウクライナへ防弾チョッキやヘルメットなどを輸出した22年3月のような議論は不要となった。
完成品のライセンス生産品の輸出	アメリカはもとより、アメリカ以外のライセンス元国の完成品も輸出対象に。従来の防衛装備移転三原則ではアメリカのライセンス生産品に限り、その部品のみを輸出可能とし、完成品の輸出に関しては認めてこなかった。また、ライセンス元国から第三国への輸出も可能に。
自衛隊法上で非武器にあたるもの	ウクライナなどの被侵略国に対して輸出可能に。

図2－9　防衛装備移転三原則の改定のポイント

ＮＳＣは改定された運用指針のもとで、パトリオットのアメリカへの輸出をさっそく承認したことは、第一章で記したとおりだ（18ページ〜）。

この章では155ミリ榴弾砲用の砲弾の輸出をめぐり、日米両政府間で協議が行われていたことを記したが、とはいえこの武器はイギリスのＢＡＥシステムズが特許権を持つライセンス生産品だ。日本政府内で議論やルール改定が行われても、アメリカへ輸出するのは現実問題として難しい。

ウクライナへ提供する武器が枯渇しかけていたアメリカは、ターゲットを自国企業がライセンスを持つパトリオットに切り替えた。

アメリカの大手軍事企業幹部に取材すると、23年11月にサンフランシスコで行われたアジア太平洋経済協力会議（ＡＰＥＣ）首脳会議で、日米間で極秘のやりとりがあったと明かしてくれた。

「バイデン大統領が岸田首相に要請して、パトリオットを輸出する、という流れになったと聞いている。１５５ミリ榴弾砲用の砲弾の輸出が日米両政府間で協議された件も、23年5月のＧ７広島サミットでバイデン大統領から要請されたと聞く。当時はウクライナ侵攻でロシアは一進一退を繰り返していた。ロシアに対して北朝鮮は数百万発もの砲弾を、中国やイランは軍事用ドローンを惜しみなく提供していたとされている。

ウクライナ支援を強化するために、韓国は隣国ポーランドに戦車を輸出した。同じように日本も貢献してほしいと、アメリカからプレッシャーをかけられていた。日本国内で製造ラインを強化した上で、トリニトロトルエン火薬をアメリカへ輸出することを前提に調整していた件もその一環。連立を組む公明党が難色を示したが、パトリオットや戦闘機輸出も含めて、最後は大幅に譲歩したそうだ」

このパトリオットが自衛隊にとって約４割も不足しているのは第一章で記したとおりだ。にもかかわらず、ＮＳＣが輸出を承認した理由が、この幹部の言葉から浮かび上がる。

輸出ありき、アメリカの強い要請ありきだったということだろう。防衛装備移転三原則改定で、とりわけライセンス生産品に関する輸出を大きく緩和した背景にはこうしたやりとりがあったのではないか。

防衛装備移転三原則と運用指針が改定された時点で、ライセンス生産品の元国は8か国（アメリカ、イギリス、フランス、ドイツ、イタリア、ベルギー、スウェーデン、ノルウェー）、弾薬や大砲など計79品目を数え、約4割にあたる32品目をアメリカが占めていた。

年が明けた24年1月25日午後の定例会見で、ダウ・ジョーンズ・ジャパンの日本人女性記者が久しぶりに会見の場に来ていた。

アメリカのニューヨークに本社を置き、経済関連の出版及び通信などを主な事業内容とするダウ・ジョーンズは、経済紙ウォール・ストリート・ジャーナルの発行元としても知られる。同紙が155ミリ榴弾砲用の砲弾の輸出をめぐって日米両政府の間で協議が行われているとスクープした件はこの章でも記した。

記者は次のように質問した。

「ライセンス元国のアメリカに対し、パトリオット輸出を承認したのと同じ流れで、155ミリ榴弾砲用の砲弾をイギリスへ輸出する可能性もあるのか。155ミリ榴弾砲用の砲弾はウクライナをはじめ世界中で需要が高まっている」

それに対し林官房長官は、原則論に終始し、肝心の答えをはぐらかした。

「(前略) いまお尋ねのあった点につきましては具体的な移転に当たりまして、個別に防衛装備移転三原則等に従って判断していくことになりますので、一概にお答えすることは困難であるとご理解いただきたいと思います」

結局、同年12月にはライセンス元国の要請があれば殺傷能力を持つ武器の輸出が可能になったのだった。

官房長官会見の変化

話は少しそれるが、官房長官会見のことについて少しふれておきたい。

定例会見は原則として平日の午前、午後の一日2回、計10回が行われ、私は岸田政権の途中までは週2~3回のペースで出席してきた。会場では1列目と2列目に、常勤19社の官房長官番記者が座る。私は4列目の中央に座るようにしている。挙手に気づかれやすく、指名される確率を高めるためだ。

私が官房長官会見に出席するようになったのは17年6月、安倍政権下の菅義偉氏が長官のときだった。以降、菅政権下の加藤勝信(かとうかつのぶ)氏、岸田政権下の松野氏、林氏が質問を受けている。私のスタイルは変わっていないが、定例会見の方はだいぶ変わったと感じる。

菅氏のときは、私が挙手しても指名しないまま会見が終了することもたびたびだったし、私個人の質問の仕方や内容について内閣府の役人が貼り紙をしたこともあった（このあたりの経緯は『新聞記者』『報道現場』に詳しく記した）。

一方、岸田政権下では私個人への攻撃はなくなったように思える。松野氏はいきなり私を指名することもあったし、林氏は番記者をひと通り指名し終えてから、最後の方で私を指名する。

状況は改善したと思うが、ただ松野氏も林氏も示し合わせたかのように、最長20分ほどで会見を終える。挙手し続けていても3度、4度は指名はしない、という官房長官側の意図も伝わってくる。そこで私としては一つの質問で「関連で」や「別件で」といった言葉をはさみ、一度の指名で三つほど質問を入れるようにしている。

私の質問に対して、菅氏は自分の言葉で答えることをせず、「〇〇へ聞いてください」という答弁を繰り返した。北朝鮮に関する質問をしたときは「金委員長に聞いてください」と答えられたこともあった。

一方、林氏は、私が質問すると、左側へ視線を送り、内閣府職員へ関連資料を要求。手元に届いた資料にさっと目を通して要点をまとめ、自分の言葉で答弁に変える。その場で機転を利かせ、当意即妙に対応する。さすがだな、と思う反面、菅氏のように感情を露にすることともないので、ある意味でこちらがつけ込む隙を見せないといえるかもしれない。

菅氏が官房長官だったときは私が会見に行くと、番記者から「また来ているよ」といった冷たい空気があったが、それはなくなった。質問を重ねる私に菅氏がいら立ちを募らせており、番記者たちはそれを忖度（そんたく）していたのだと思う。

今のような記者が聞いて当たり前の官房長官会見の空気が、この先も継続していくことを願っている。


林氏とはちょっとした接点がある。以前、共通の知人に招待されて、林氏を囲む勉強会のような集まりに参加した。内閣官房長官に就任する前の話だ。

参加者のなかには政財界人に加えて、建築家及びデザイナーの隈研吾（くまけんご）氏やフリーランスのビデオジャーナリスト、神保哲生（じんぼうてつお）氏などもいた。勉強会の途中に、その神保氏と林氏がじっくりと話し込んでいるのを見て私は驚いた。「神保さんが安倍さんや菅さんの勉強会に招待されることがあるかな……」と思ったのだ。

アメリカのコロンビア大学大学院で修士号を取得し、ＡＰ通信社などで記者を務めた経験を持つ神保氏は、リベラル保守を自任して活動している。

林氏が政治家としてどういった世界を目指しているのかわからないが、考え方に隔たりがある人についても理解に努めているように思えた。

林氏は東京大学法学部卒業後に商社勤務などを経て、アメリカのハーバード大学政治学大学院に特別研究生として入り、アメリカの下院議員の銀行委員会スタッフや、同上院議員の国際問題アシスタントを務め、その後、ハーバード大学ケネディ行政大学院に入学している。95年7月の参院選で初当選し、5期目の途中だった21年10月の衆院選当選から衆議院へくら替えしていまに至る。

共同開発した完成品も第三国へ輸出

話を元に戻す。パトリオットに続いて、与党内で合意を急いでいる重要案件があった。イギリス、イタリアと共同開発する次期戦闘機の完成品について、日本から第三国への輸出を解禁する、という件だ。公明党の抵抗もあって継続審議となっていたが、与党内で合意に達する見込みだと読売新聞が報じた（24年3月6日）。

次期戦闘機とは、現在、日本がイギリス、イタリアと共同開発中の、91機ある航空自衛隊のF2戦闘機の後継機のことで、35年の配備を目指している。22年12月に3か国が計画を発表、「グローバル戦闘航空プログラム（GCAP）」と命名した。空自の最新鋭のF35戦闘機など「第5世代」を上回る高性能機を想定し、スピンオフした技術を自動運転用レーダーや自律型航空管制システム、防災・減災用センサーなどの技術に活かしたいとしている。

3か国首脳による共同声明として発表されていた次期戦闘機の共同開発は、機体を三菱重工業とイギリスのBAEシステムズが、エンジンは日本のIHIとイギリスのロールスロイスが中心となって開発。さらにイタリアの防衛大手レオナルド、航空機エンジン大手アビオが加わる。

殺傷兵器のなかでも戦闘機は最たるものだ。現在、開発している次期戦闘機はレーダーなどにより脅威を素早く把握するセンシング技術や、相手のレーダーにとらえられにくいステルス性、敵味方の位置情報を共有しながら組織的な戦闘を展開するネットワーク力を高める性能など、空対空能力の向上が最大の特徴となっている。

安保三文書や防衛装備移転三原則の改定と同じく、次期戦闘機の輸出も、国会が決定にまったく関与しないまま、政府与党による密室協議で決まろうとしている。

公明党の変節

そして読売新聞が報道したとおり、報道から9日後の3月15日、自公両党は共同開発する次期戦闘機を、日本から第三国へ輸出することについて合意した。

合意に至った理由として、公明党の高木陽介政調会長は、政府の意思決定を厳格化するための「二重の閣議決定」と「三つの限定」を強調した。それらを、防衛装備移転三原則の運用指針の一部改定案に盛り込んだという。

いずれも公明党が求めてきた紛争を助長しないための歯止め策だという。「三つの限定」とは、輸出へ向けた条件だ。

①輸出は次期戦闘機に限る
②輸出先は国連憲章に沿った目的以外の使用を禁じる「防衛装備品及び技術移転などに関する協定」の締結国に限定
③「現に戦闘が行われている国」は除外する

これらは次期戦闘機に限ったものだが、新たな共同開発プロジェクトに関しては、都度運用指針に加えていく案も示された。

次期戦闘機に関しては、国際共同開発での完成品を第三国に輸出する場合、二重に閣議決定するとした。さらに戦闘機の輸出先は国連憲章に適合する使用を義務づけた協定締結国15か国に限定する（24年3月現在）という。しかしながら、今後、輸出ができる協定締結国が増えていくことは十分に考えられる。

この協議の間、自民党と公明党ではそれなりの折衝があったようだ。「もう連立を解消すべきだ」と自民党幹部の声を伝える記事や、自民党総裁である岸田首相と公明党の山口那津男代表によるトップ会談で決めるべきだ、といった解決策を示す記事も見られた。

ただ実際には、公明党の抵抗は表向きのスタンスだった可能性が高いと私は見ている。パトリオットのアメリカ輸出承認の件を含めて、日本の武器輸出解禁へ向けた動きに関して取材に応じてくれたアメリカの大手軍事企業幹部が、公明党について「23年の半ばまで大筋で次期戦闘機輸出を認めていた」と明かしてくれたからだ。

公明党が変節していった経緯を、同幹部は次のように説明した。

「23年の暮れあたりから、一転して態度を硬化させたと聞いている。一説には、23年11月の創価学会の池田大作名誉会長の死去を受けて創価学会内で開催された勉強会で、著書の『人間革命』をあらためて読み返したところ、そこに『武器輸出をしてはいけない。平和国家であるべきだ』と記されており、これを遺訓とすべきとなったようだ。

もう一つには同じ時期に中国を訪問していた山口代表が、王毅外相との会談で『中国は致死性のある兵器を輸出しない』などと言われ、次期戦闘機輸出に釘を刺されたのではないか、という説もある。中国が輸出しないという点は事実に反するが、いずれにしても次期戦闘機輸出に対する方針が変わった時期と一致する。

しかし、さすがに連立を解消してまで反対するとは考えていなかった。公明党としては選挙における得票力の源となってきた創価学会婦人部に『平和の党』をアピールする必要があり、まずはライセンス生産品をライセンス元国へ輸出できる、半ば骨抜きにされたような改定となった。しかし、この程度では日本の軍需産業を育てたい政府や自民党の思惑通りにものごとは進んでいかない」

そこから次期戦闘機の第三国輸出解禁へ、どのような経緯をたどり、決着点が見いだされたのか。さらに内情を明かしてくれた。

「23年12月の防衛装備移転三原則及び運用指針の改定で、共同開発される武器の部品や技術を、日本から第三国へ輸出できるようになった。ただ、完成した次期戦闘機そのものを、（共同開発する）イギリスとイタリア以外に輸出するのはダメだと公明党の北側一雄（きたがわかずお）副代表が譲らなかった。その後に手かせ足かせをつけたい、という話になって、たとえば同じ中東でもUAEはいいけれども、サウジアラビアはダメだといった具合に、輸出する第三国を絞ろうとなった結果として合意した内容になった」

名前があげられたサウジアラビアは、莫大（ばくだい）なオイルマネーをバックに、次期戦闘機の共同開発においてイギリスとイタリアに次いで参画する動きを見せ、日本側は不信感を募らせていた。

最終的には防衛装備品及び技術移転などに関する協定を締結したのは先に記したとおり15か国となったが、サウジアラビアは含まれていない（36ページ参照）。

もっともらしい山口氏の評価

岸田政権は24年3月26日、与党内で合意に達していた次期戦闘機の第三国への輸出を閣議決定し、それに合わせてＮＳＣで防衛装備移転三原則の運用指針も改定した。公明党の山口代表は「厳格なルールや手続きを取ることで、国民や国際社会に平和国家としての理念を堅持する姿勢を明確に示した」ともっともらしく評価した。

殺傷兵器の象徴である戦闘機輸出を認めながら、何をもって「平和国家としての理念を堅持する姿勢」とするのだろう。私にはまったくわからなかった。

国会の関与がないまま、政府や与党による密室協議で日本国憲法が謳う平和主義から逸脱した。私には暴挙とさえ思える。

次期戦闘機の第三国輸出解禁決定を、共産党の山添議員は痛烈に批判している。

「政府与党の協議のみで閣議決定するのならば、どんなに厳格だの二重の閣議決定だのと言っても、結局は国会軽視でしかない」

自公両党が合意に達した後もたびたび私は官房長官会見に出席して、岸田政権の姿勢を質した。どれだけ質問を重ねても曖昧に腕押しの答弁が返ってくるだけだった。

閣議決定した翌日の3月27日は、林官房長官は国際関係における武力の行使を禁止する国連憲章第2条4項に言及。その上で自衛権の行使にあたる場合などにおける武力の行使が、同第51条で例外として認められていると説明した。

それに対して、私は同日午後の会見で次のように尋ねた。

――ウクライナはいま、ロシアの侵攻に関して自衛戦争という形で戦っています。共同開発された戦闘機が今後、ウクライナのような立場の国で使用されるのを、日本政府として認めるという理解でいいのでしょうか。

「どのような状況が武力紛争の一環としての戦闘に該当するかについては、個別具体的に判断されるため、一概にお答えするのは困難であります」

これでは都度都度で判断するということになってしまう。さまざまなシチュエーションを想定し、議論したうえでルールを設けておくのが、政策を運営する立場である政権のあるべき姿ではないのか。

林氏は次期戦闘機輸出に関する質疑応答のなかで、一般にはほとんどなじみのないジーキャップ（GCAP）という言葉を何度も用いている。

日本、イギリス、そしてイタリアの3か国で進めている共同開発の正式名称、グローバル戦闘航空プログラムの英語表記（Global Combat Air Programme）の頭文字を取ったもので、次期戦闘機という言葉と同義だ。

次期戦闘機で十分伝わるものを、なぜあえて「ジーキャップ」と置き換えるのか。会見で林氏に質すと次のような答弁が返ってきた。

「ジーキャップの名称については、これは次期戦闘機の略称でございます」

都合の悪い言葉を変更するのは、古今東西の政治家がよくやる手段だ。たとえば集団的自衛権の行使を容認した「安全保障関連法」は「平和安全法制」に、「共謀罪」は「テロ等準備罪」に、「武器輸出三原則」も「防衛装備移転三原則」となった。空母に至っては、いまでは多機能護衛艦となっている。

岸田政権のもとでも、「敵基地攻撃能力」が「反撃能力」に改められている。繰り返される言葉遊びからは、物騒に感じられる元来のイメージをやわらげ、批判の矛先をかわす意図があるとしか思えない。

5月の衆議院本会議で戦闘機条約締結承認案が可決された。与党だけでなく野党の立憲民主党も賛成に回った。このままなし崩し的に戦争で稼ぐ死の商人国家へ、かつて宮澤喜一外相が蔑(さげす)んだ、兵器を輸出して金を稼ぐ落ちぶれた国へ、自ら進んで変貌を遂げていくのか。

前出のアメリカの大手軍事企業幹部は、日本とアメリカの意識の違いについてこんなエピソードを聞かせてくれた。日本でも祝日などに家の門や玄関に日の丸を掲げることがあるが、アメリカでは、国旗と共にロッキードマーティン、レイセオンなど大手軍事企業の社旗が掲げられているという光景もあるという。

24年11月5日に行われたアメリカの大統領選においても、そうした社会を実感するような出来事があった。

私は朝日新聞で特派員をしていた尾形聡彦(おがたとしひこ)さんが22年7月に立ち上げたYouTubeチャンネル「Arc Times」の記者として、10月末から10日間ほどアメリカ大統領選を取材したが、そこで民主党の副大統領候補だったティム・ウォルズ氏が軍歴を詐称しているのではないかとのネガティブ・キャンペーンが広がっていた。アメリカでは軍歴の中で最前線の現場で兵士として戦っていたのか否かが重視される風潮があるのだろう。

「日本では、軍事企業＝悪というイメージが強すぎる。民間の意識が変わらない限り、武器輸出も進まないだろう」

そうまとめにかかったアメリカの大手軍事企業の幹部は、こう話をつづけた。

「でもＧＤＰ比２％の軍拡を皮切りに日本政府の意識はかなり進んでいる。武器輸出へ向けた環境が整えられ、防衛省も防衛装備庁も企業側にかなりハッパをかけられる環境になった」

平和国家として歩んできた歴史を私たちはあとの世代に引き継げるのか。それとも、いつか来た道を再び歩むのか。日本は今まさに、未来へ進む上での分岐点に差しかかっている。

第三章 防衛産業の拡大を後押しするメディア

防衛産業を国策へと働きかける新聞社顧問

政府の公文書である有識者会議の議事録に次のような記述があるのを、読者のみなさんはどのように受け止めるだろう。

「長い間、日本は武器の輸出を制約してきました。それが日本の防衛企業の成長を妨げてきたので、この制約をできる限り取り除いて、民間企業が防衛分野に積極的に投資する環境をつくることが必要だと思っています」

発言したのは、日本経済新聞社の顧問で最大の実力者と言われる喜多恒雄氏だ。安保三文書の改定へ向けた有識者会議でのことである。首相官邸で22年9月30日に開催された初会合の議事録に記されていた。

第二章で、改定前の防衛装備移転三原則の撤廃を求める喜多氏の発言と、それを批判した日本共産党の山添拓議員の質疑を紹介したが、発言しているのは防衛産業の企業の代表ではなく、報道機関の一人である。

有識者会議での喜多氏の発言を知ったのは、防衛費GDP比2％が閣議で決定された直後の23年1月に議事録が公開されてからだ。そこには喜多氏のみならず、大手メディアのトップがこのような発言を何度も繰り返していることが記されていた。憲法9条の理念などにひと言も言及しないまま、軍需産業の育成と防衛産業への投資を盛んに喧伝（けんでん）していることに怒りが湧いた。これでは太平洋戦争前に軍拡を煽り、多くの市民を戦争に引きずりこんでいった当時のマスコミと同じではないだろうか。

喜多氏は、日本経済新聞社で代表取締役専務や同社長、そして会長を歴任。21年3月から顧問を務める。防衛産業の成長を国策として積極的に後押しする喜多氏の発言はこれだけにとどまらなかった。

第2回会合でも、再び防衛産業の育成や強化に言及している。

「企業が防衛部門から撤退するケースが出ています。競争力のある国内企業がなければ、優れた装備品などを国産化するのは不可能です。特にこれから強化しなければならないサイバー部門に、民間企業が人や資金を投入しやすい環境をつくるのも国の義務だと思います。（中略）財源ですけれども、既存の歳出の見直しは当然ですが、国を守るのは国全体の課題ですから、防衛費の増額には幅広い税目による国民負担が必要だと明確にして、国民の理解を得るべきだと考えています」

国民負担とはつまり増税だ。喜多氏は11月9日の第3回会合でも「躊躇せず、わかりやすい言葉で説明することを総理に求めたいと思います」と増税を後押しした。

防衛費増額の財源の確保に関して、喜多氏は第3回会合で「今回の有識者会議の議論で私が感じたのは」と断った上で、次のようにも提言している。

「防衛関連には長く続いてきたさまざまな制約があることです。装備品の輸出規制はその典型ですけれども、インフラ整備にも充てられる財源手当にも不思議な制約があります。防衛体制の強化に使う費用には公共インフラが含まれて、これは建設国債が財源になります。ところが、自衛隊の隊舎など、防衛費から捻出するものには建設国債が充てられません。こうした伝統的な考えも、防衛力強化の財源確保を検討するなかで見直すことが必要ではないかと考えます」

要約すれば、自衛隊の官舎を造るのに建設国債が充てられないのはおかしいと言っているのだ。普通に考えれば、防衛費と一般の財源を区別するために設けられた措置だろう。

国債とは国の借金だ。そのなかで建設国債の対象は道路や橋など、将来世代を含めて長年にわたって幅広く恩恵が受けられる事業に限られてきた。太平洋戦争での深い反省から自衛隊施設は建設国債の対象から外すというのは戦後、財務省が守ってきた不文律だ。

そしてその約1か月後の12月13日に読売新聞の朝刊一面で「自衛隊施設の整備費、建設国債1・6兆円充当へ…防衛予算の方針を大転換」と記事が出るなど、以後、日経新聞を含めた各紙朝刊で、自衛隊の施設整備費の一部に建設国債を活用する方針を岸田政権が固めたと報じられていく。

有識者会議で喜多氏が発言し、その後に読売新聞や日経新聞が発言を肯定する記事を出し、それを岸田政権が閣議で決定したようにしか見えない。

11月9日の第3回会合での喜多氏の発言からわずか37日後の12月16日に、岸田政権は23年度からの5年間で防衛費を約43兆円に拡大すると閣議決定。23年度の当初予算に4343億円の建設国債発行を計上し、対象として喜多氏の提言通りに自衛隊の隊舎などの施設整備などを追加した。建設国債に関しては、24年度予算で7774億円増の5117億円が発行されている。防衛費を国債でまかなわない、とされてきた不文律は完全に形骸(けいがい)化されたといっていい。

このやりとりは、政府とメディアのトップがほぼ一体となって、メディアは自らの媒体を使って、軍拡を推し進めている構図に見える。本来メディアが担うべき「為政者の権力のチェック」という役割がまったく置き去りにされてしまっている。岸田政権の下で立ち上がった有識者会議の中のマスコミトップが、建設国債における区分けという不文律を破ることを推奨し、岸田政権はそれにならい、防衛省の設備に建設国債を充てる方向に舵を切った。

43兆円閣議決定に先立って行われた第4回会合で喜多氏は、「今回の防衛力強化は、中国の脅威を念頭に置いたものだと私は理解している」と切り出している。

「中国の軍事力の増強はかなり高い経済成長と歳入の増加によって、実現していることを留意すべきだと思っています。5年後、10年後の期間を見すえて防衛力を抜本的に強化していくなら、必要な資金をまかなう経済成長と強固な財政基盤をつくり上げていかなければならない。経済力を強化して、国を強くして、国民の理解を得て防衛力の強化に取り組んでいく。今回の報告書がそのきっかけになるように切望しています」

「強化」「強く」などの言葉が繰り返され、勇ましさを感じるのは私だけだろうか。軍事費増額のためなら、増税も国債発行も、さらには戦前および戦中のような国家総動員体制になる状況も厭(いと)わないと言われているようだ。現役の大手メディアの幹部がここまで踏み込んで発言し、堂々と旗振り役を担う姿にただただ驚くしかなかった。

突然設けられた有識者会議

安保三文書の改定に至るプロセスとして、第二章で政府の有識者意見交換と有識者会議、自公両党の国会議員による実務者協議を経た、と記した。

このなかで有識者会議は、当初は設けられていなかった。しかし、22年9月に入って岸田文雄首相が突然方針を転換。22年9月30日の初会合を皮切りに、10月20日、11月9日、11月11日と計4回開かれた。座長は日本国際問題研究所の佐々江賢一郎(ささえけんいちろう)理事長。外務省で外務事務次官、アメリカ合衆国の特命全権大使などを歴任した経歴を持つ。ほか、総勢10人で、喜多氏はそこに名を連ねた一人だ。

とはいえ、急きょ発足したからか、議論自体は拙速感が否めなかったようだ。会合時間の最長は第2回の1時間15分で、第1回は50分、最後の第4回に至ってはわずか30分だ。必然的に各委員に割り当てられた発言時間も制限され、最も長くて第2回の4分、最短で第4回の1分半だった。有識者会議でよく聞くのが、話の本筋などはすべて事務局である官僚側が用意し、出席する委員たちは、その官僚側が用意した「台本」に基づいて言葉を交わすという話だ。

議事録によれば、初会合では佐々江座長が出席した閣僚や委員へこんな要望を出している。

「ご自身の発言を報道関係者などにご紹介いただくことは差し支えございませんが、他の方々のご発言に言及することは控えていただきますよう、お願いいたします」

各回ともすべての出席者が発言を終えると岸田首相が入室し、短い挨拶をもって会合を締める形が取られている。このときだけはメディアにも公開されるが、佐々江座長はメディアが入室する前に「資料を閉じてください」と呼びかけるなど、些細な情報でも外部に漏れないように注意を払っていたという。

海外からのミサイル購入を訴えた新聞社社長

有識者会議の委員に名を連ねた大手メディア幹部は、実は喜多氏だけではない。読売新聞グループ本社代表取締役社長の山口寿一（やまぐちとしかず）氏は、五十音順で最後に回ってきた初会合での発言を、こんな言葉で切り出している。

「岸田総理は、日本の防衛力を抜本的に強化する、という歴史的な決断をされた」

山口氏は読売新聞社で社会部の司法担当を長く務め、東京本社の専務取締役や同代表取締役社長などを歴任。プロ野球の読売巨人軍球団オーナーも務める。

初会合で喜多氏と同じく武器輸出の拡大や恒久的な財源の確保、すなわち増税の必要性を訴えた。

私が驚きを覚えたのは、第2回会合の議事録だ。

このときは浜田靖一防衛相が出席し、敵の対空ミサイルの射程外から発射可能なスタンド・オフ・ミサイルを、新たな防衛力の柱の一つとして27年までに配備するタイムラインを各委員に説明していた。

山口氏は浜田氏に賛同した上で、次のように提言している。

「防衛力の抜本的強化につきましては、スタンド・オフ・ミサイルを配備して反撃能力を保有すべきであり、無人機の導入や継戦能力の向上も進めて、戦える自衛隊へ変革していくことが急務と考えます」

さらにこう続けていた。

「5年以内というタイムラインを考えますと、たとえばスタンド・オフ・ミサイルは国産の改良に数年以上かかり、27年までに間に合わない可能性もあります。国産の改良を進めるのは重要ですが、当面は外国製のミサイルの購入を進めることも検討対象になると思われます」

私はすべての議事録をチェックしたが、外国製ミサイルの購入を主張したのは山口氏だけだった。

第2回会合を受けるような形で、アメリカ製の巡航ミサイル、トマホーク最大500発を、27年度までに購入する検討を進めていると11月30日の朝刊一面で報じられた。記事を書いたのは読売新聞だった。

読売新聞の特報を受けて、私は旧知の自民党防衛族議員に「これ、知っていましたか」と、トマホーク購入の件について探りを入れた。

異口同音に返ってきたのは「いや、何も聞いていない」や、あるいは「俺も知らない。本当なのか」といった言葉。寝耳に水を物語る反応だった。

武器を爆買いさせられている——空虚な日米同盟

大手メディアのトップが有識者会議内で提言した外国製ミサイルの購入は、最終的に具現化された。第二章でも記したとおり、防衛省は、24年1月にアメリカ政府と最大400発のトマホークを約2540億円（当時のレート）で購入する契約を正式に結んだのだ。

この点について防衛ジャーナリストの半田滋さんをはじめとする有識者に話を聞いた。半田さんは東京新聞の先輩で、在籍中は論説委員や編集委員を務めた方だ。

「中国の防衛力、特にミサイル防衛システムが非常に発達しているので、たとえ最新鋭のトマホークを4発発射したとしても、1発が当たるか当たらないかだといわれている。トマホークはアメリカで1発あたり約3億円だが、日本は1発を6億円で購入する予定だ。しかも旧式を含めて、計画を前倒ししてまで購入する。結局はトランプ大統領と安倍首相の関係のように、兵器を爆買いさせられている状況に変わりはない」

日本がトマホーク購入を前倒ししたことを受けて、アメリカはトマホーク大隊を2030年までにカリフォルニアに新設するが、日本への配備は見送ることに決めた（なお、「大隊」とは、陸軍や海兵隊などにおける部隊編制の一つで、規模は数百人）。そう、アメリカからすれば日本がトマホークを買ってくれたので、在日米軍基地でトマホークを新たに配備する必要はなくなったということなのだ。

日米同盟では、アメリカ軍が盾、自衛隊が矛という役割を担うという前提の下で運用されてきた。本来は対等であるはずの日米の関係だが、実態は日本がアメリカの要求を受けるこ

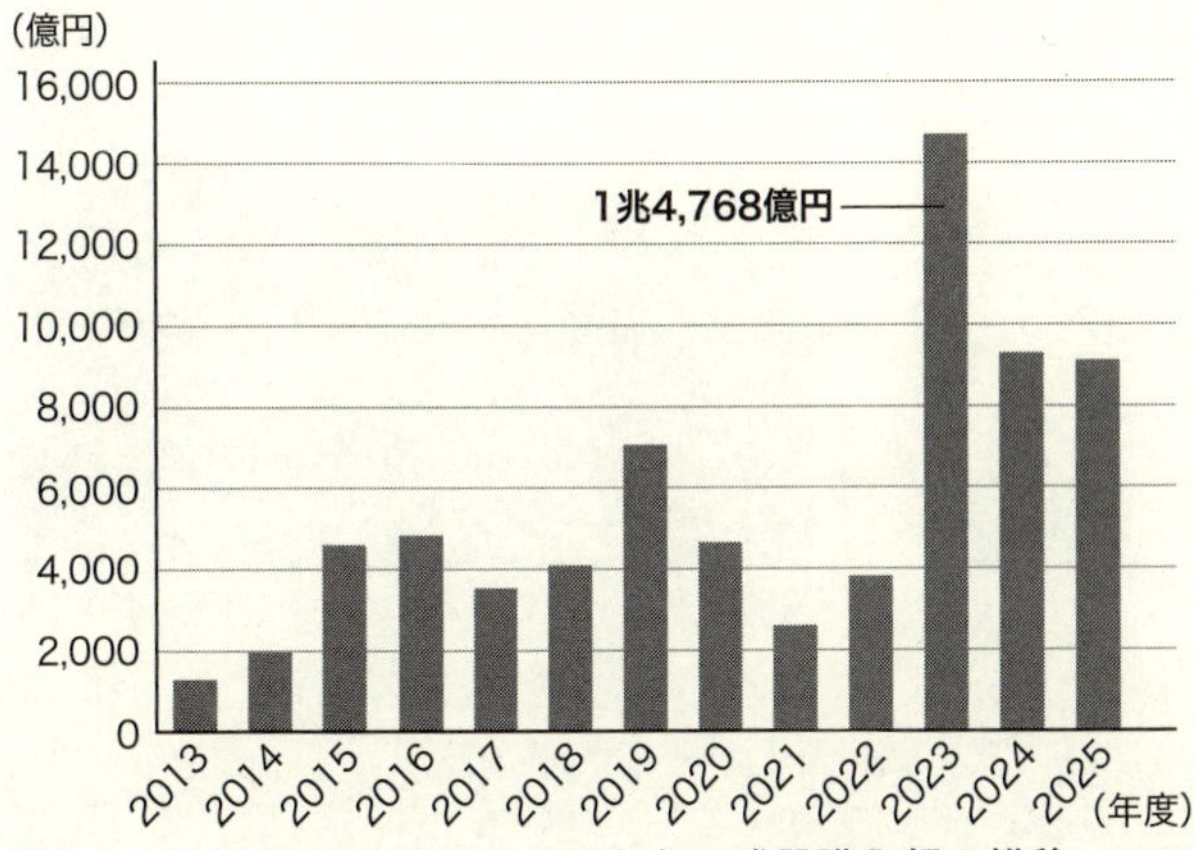

図3‐1　FMSによるアメリカからの武器購入額の推移。2025年は概算要求（出典　防衛省およびしんぶん赤旗24年9月16日）

とが続いている。こうした事例を見ても、空虚な関係だといわざるを得ない。

　アメリカは安全保障政策の一環として、FMS（有償軍事援助　Foreign Military Sales）という施策を進めている。これは、アメリカの武器輸出管理法などのもとで、同盟諸国などにアメリカの武器を有償で提供するものだ。

　安倍政権下でも4000億円前後で推移していたアメリカからの武器購入額は、23年度、ロシアのウクライナ侵攻などもあり、一気に1兆円を突破、24年度も9000億円超となっている（図3‐1）。

　余談になるが、同じくアメリカから購入した無人偵察機で、イラク戦争などで実戦投入されたグローバルホーク（写真3‐1）につ

写真3－1　グローバルホーク（写真　PIXTA）

いて現在進行形の笑えない話がある。

日本政府は安倍政権だった14年にグローバルホーク3機を、計613億円で購入する契約を結んだ。ブロック30と呼ばれる機種だ。

購入時、故障や修理などに備えて3機体制での運用が求められていたが、16年に2機が届き、3機めが来たのは23年6月だ。にもかかわらずアメリカから雇った整備士らへの報酬を含めて、23年時点で2951億円もの維持費が発生した。購入費の5倍弱だ。

さらに驚くことに、21年にアメリカは、アメリカ空軍が持つ20機のブロック30をすべて退役させる決定をし、22年中に退役させたという。ブロック30は旧式で中国の脅威に対抗できないというのがその理由だ。

日本ではこの情報が公にされていなかったが、23年3月の参議院予算委員会で、立憲民主党の辻元清美（つじもときよみ）氏が「事実ですか」と質した。当時の防衛装備庁長官、土本英樹（つちもとひでき）氏の答弁を聞いて思わずずっこけてしまった。

「ブロック30、これは我が方で保有しているタイプですが、この全20機を退役させるとの記述があり、22年の国防授権法（アメリカで毎年提出される防衛予算に関する法律）において承認されたと承知しているところです」

講演などでこのやりとりを取り上げると、決まって笑いが起こる。維持費も含めて、これほどの無駄遣いを他人事のように話す、政府の無責任ぶりはどうなのだろう。その姿勢はいまに至るまで何ら変わっていない。

「国力を結集し防衛体制強めよ」

話を読売新聞グループ本社社長の山口氏に戻せば、有識者会議において、従来の考え方を大きく踏み越えた発言はまだ続いた。

第3回会合では「日本は目前の脅威に直面しています」として、反撃能力の正当性を再び訴えた。

「もっとも優先されるべきは有事の発生それ自体を防ぐ抑止力であって、抑止力に直結する反撃能力、つまりスタンド・オフ・ミサイルではないでしょうか。国産の改良を進めつつ、外国製のミサイルを購入して、早期配備を優先すべきと考えます」

さらに海外にならって、社会のあり方も変えていくべきだと続けた。

「近年、先進国では産官学が一体となってプロジェクトを進めて、自国の経済力を高める手法が積極的に取られています。政府がミッションを掲げて、企業や大学を巻き込んで経済を成長させながら同時に公共の利益を達成していく、ミッションエコノミーとも呼ばれる手法です。こうした手法はもともと日本のお家芸だったと思いますが、かつての貿易摩擦あるいは政財官の癒着に対する批判、デフレ下での変化を嫌う空気が折り重なって、あまり機能しなくなっているように思います」

詳しくは第五章で記すが、産官学の「学」の象徴となる日本学術会議は、軍事研究を進めたい政府との間の壁を守り、独立性を保つために必死の抵抗を続けている。そもそも日本学術会議は戦争に加担した反省に立って設立された歴史がある。

それでも山口氏は、一体化が必要と訴えている。

「国力としての防衛力を強化するには、経済力を強化する必要があります。それには日本が官民一体の推進力を取り戻して、変化に挑戦する機運を高めて、新しい資本主義を推し進める体制を作らなければならないと考えます。防衛力強化には先端技術の開発や防衛産業の振興など、我が国の経済力強化につなげられそうな糸口があります。経済力強化を図るなかで財源の議論がなされる、という展開が望ましいと考えます」

さらに最後の第4回では政府への提言というよりも、読売新聞社としての決意表明のような内容だった。

「メディアにも防衛力強化の必要性について、正確でかつ深い理解が広がるようにしていく責任があると、この会議を通じて自覚した次第です」

安保三文書が改定されてから一夜明けた22年12月17日の読売新聞朝刊。メディアの責任において表明する意見や主張となる社説には、こんな見出しがつけられていた。

「国力を結集し防衛体制強めよ　反撃能力で抑止効果を高めたい」

有識者会議で山口社長が提言してきた主張のほぼすべてが、社説には反映されていた。ちなみに、東京新聞の社説の見出しは「平和国家と言えるのか」だった。東京新聞から有識者会議に出席した人はいない。

メディアが作り出す流れ

日本経済新聞は社説でどのような主張を展開していたのか。

安保三文書が改定された当日夜、見出しに「防衛力強化の効率的実行と説明を」と打たれた社説を他社に先駆けてウェブ上に掲載している（22年12月16日）。内容は有識者会議における喜多顧問の提言にほぼ沿っており、最後はこんな文言で締められていた。

「歴史的な安保政策の転換だけに政府は今後の国会審議などで野党の意見に真摯（しんし）に耳を傾け、

建設的な議論をすることで国民の幅広い支持を得る努力をすべきだ」
読売新聞ほど前のめりではなく、慎重な姿勢がうかがえる。とはいえ、ほぼ同じ時間帯には、同社の政治部が運営するX（旧ツイッター）の公式アカウント「日本経済新聞 政治・外交」が、社説の最後の部分とは大きく異なる意見を投稿している。

立憲民主党の泉健太代表が、改定された安保三文書を批判した記事が引用されたポストは次のように記されていた。

「国民の生命と財産が脅かされても被害が出るまで何もしないということでしょうか。旧民主党が政権を陥落したのは非現実的な安全保障政策が一因でした」

立憲民主党へ向けられたこのポストを、どのように受け止めるべきなのか。

私はキャスターを務めているネットメディアのArc Timesの23年1月24日の配信でこの話題を取り上げた。

尾形さんは日経新聞政治部のポストを次のように評した。

「このXを書いているのは日本経済新聞の政治部長とデスクだと言われていますけど、これは先制攻撃論で国際法違反であり、それを非常に感情的に書いている。これが日本経済新聞のいまの政治部の本音なんですよね」

このときの配信では日本総研国際戦略研究所特別顧問の田中均氏がゲストだった。田中氏は元外務審議官で、アジア大洋州局長時代には北朝鮮と極秘裏に交渉し、02年の日朝首脳会談を実現させた方だ。

田中氏は当初、日本経済新聞に対して「(日経新聞は）軍事拡張大賛成派だけど、そのなかで客観性を持った記事を書いている点でまだ許せる」と発言していた。それを受けて尾形さんがXのことを伝えると「それは知りませんでした」と驚き、こう語っている。

「極端な台湾有事を煽ったのは、ある意味で日本経済新聞ですからね。台湾有事になったら大変だと。だから防衛力を増強しよう、といった大きな流れに乗ってきた。ウクライナの件もそうだけど、そこでメディアがこぞって防衛省の役人でもある防衛研究所の方々をテレビのゲストに出して、彼らが『軍事の世界だとこうだ』、と発言することで（軍備増強・軍拡ありきの）流れが作られている」

田中さんが言及した「台湾有事を煽った」というのは、23年1月6日朝刊一面の「自衛隊の弾薬庫、南西諸島に分散へ　台湾有事念頭」の記事などをいうのだろう。その記事の後も、防衛軍拡や防衛産業・技術の拡大の必要性を声高に訴えるような記事が散見されるようになってきた。

なお、田中さんが言及した防衛研究所とは防衛省の研究機関で、研究員は60名ほどおり、安全保障に関する調査や自衛隊の幹部育成などを行っている。

尾形さんは同じ配信のなかで、テレビ東京にも言及した。

配信が収録された23年1月は、同局のニュースキャスター、豊島晋作(とよしましんさく)氏の名前を冠した「テレ東ワールドポリティクス」で、台湾有事をテーマにした解説動画シリーズの再生回数が500万回を超えていた。

動画のなかで豊島氏が台湾有事ではなく、台湾戦争と言及している点に尾形さんは着目して田中氏へぶつけた。

「配信された動画では豊島氏が『中国による台湾への軍事侵攻、いわゆる台湾有事は、最悪の場合、起こりうることは戦争ですので、もはや台湾戦争とも言うべき事態となるリスクが現実的にあると踏まえたものです』と説明している。さらに反撃能力の保有を認めた安保三文書の改定の背景などに関しても『アメリカからかなり高い確率で、インテリジェンスの提供があったかもしれない。つまり中国の動きについて何らかの具体的な情報提供があった動きも否定できません』といった具合にどんどん煽っている。メディアで一番煽っているのは、日本経済新聞とテレビ東京かもしれない」

それに答えた田中氏の言葉には重い響きがあった。

「戦前もそうだったわけだからね。だから、僕は由々しき事態だと思うんですよ」

私も意見をはさませてもらった。

「つまり官僚も政治家も記者も、結局は長いものに巻かれろとか空気を読め、みたいになって、本来抱いていたはずの志とか信念みたいなものを、あるいは自分のなかの正義といったものを貫こう、という人が減ってきてしまったのでしょうか」

田中氏からは、こんな言葉が返ってきた。

「やはり価値観が変わってきた、ということですかね。若い人たちは、そういった価値観を持ってももはや意味がないと思っているのでは」

尾形さんが問題の核心を突いた。

「台湾有事で日本が本当に標的になったときの敵基地攻撃能力といえば、多くの方はミサイルを撃つと思っていますけれども、その瞬間に中国からものすごい物量のミサイルが飛んでくるってのは明らかなのに、そこがすっかり抜け落ちている。あたかも自分たちが軍備を増強すれば中国もわかってくれるといった具合で、そこの想像力がまったくないのが私には非常に奇異な感じを受けるんです」

田中氏が返す。

「そこには外務省は弱腰だとか、どこかの新聞は自虐史観だとか、そういった前段が存在している。日本が勢いのいいことを言う、といった状況が一般の人たちの耳にはよく聞こえるわけだけど、それが行き過ぎると本当に危険な状況になると僕は思うんですよ。ちょっと待てよ、と言う人がだんだん少なくなっていく、という意味で」

朝日新聞の元主筆が訴える国力以上の防衛力

喜多氏や山口氏のように新聞社の現役幹部ではないものの、有識者会議の委員には朝日新聞社で主筆を務めた経歴をもつ船橋洋一（ふなばしよういち）氏も名を連ねていた。主筆は新聞社において、編集および論説部門の総括を担う。

公益財団法人である国際文化会館のグローバル・カウンシル、そのチェアマンの肩書きで有識者会議の委員に任命された船橋氏は、都合が合わなかったために22年9月の初会合を欠席した。代わりに事前に提出していた発言要旨が、政府から公開された議事録の最後に添付されていた。

その冒頭で、抑止力を高めるためにも防衛力の増強が必要不可欠だとする主張が展開されていた。

「平和を維持する最大のカギは、抑止力を維持・発展させることである。戦わないために戦える備えを常に維持することである。そして、抑止力を維持するには、相手の能力と意図を的確に把握し、こちらの能力と意図を相手に的確に把握させることが大切である」

このように切り出された船橋氏の発言要旨は、日本に脅威を与えうる国として中国、北朝鮮、ロシアをあげた上でさらにこう記されている。

「日本の防衛力はまことに幸いなことに、これまで実戦で使えるのか、継戦に耐えられるのか、試されずに済んできた。しかし、防衛は『いざ』というときの対処の備えであり、その『いざ』を起こさないための抑止の要でもある。実戦・継戦防衛力があってこそ、リアルな対処力と抑止力も期待できる」

船橋氏は出席した2回目の会合で「国力に見合った防衛力、と固定的に考えるべきではない」と防衛費の増額に対しても持論を展開した。

「確かに国力を超えた防衛力は持続性がない。しかし、抑止力が大きく崩れるとか、バランス・オブ・パワーが崩れるような状況変化が起こっているときには、国力以上の防衛力を前倒しで担保しなければならないときもある。国力はその潜在力を引き出すことで、可変的になりうる。（中略）経済力を守り、育て、さらに場合によってはそれを使って攻めることができてこそ、国力だということです」

さらに船橋氏は第3回会合で、日本国内にある自衛隊と在日アメリカ軍の基地について、共同使用を促進させるべきだと提言した。

アメリカの超党派の外交・安全保障問題の研究者グループが、対日外交の指針として数年おきに発表してきた政策提言の報告書がある。リチャード・アーミテージ元国務副長官、そしてジョセフ・ナイ元国防次官補が中心となっており、報告書は「アーミテージ・ナイレポート」として知られる。

18年10月に発表した報告書の第4弾では日米同盟のさらなる強化を求めている。具体的には自衛隊の統合司令部や日米共同の統合任務部隊の創設、共同作戦計画の策定、防衛装備品の共同開発、そして日米による基地の共同使用などだ。

船橋氏はこれらのなかで特に基地の共同使用について「なかなか進まない」と苦言を呈している。17年の段階で「2プラス2」と呼ばれる日米の外務と防衛の担当閣僚による安全保障協議会で、合意に達していたと指摘した。

「アーミテージ・ナイレポートが指摘したように、それぞれ別々に基地を持つぜいたくは許されない時代に入ったと認識すべきだと思います。基地の共同使用は無駄を省き、相互運用性を向上させ、日米共同で反撃能力を強化し、抑止力を高める意思決定の共有という戦略的協調にほかなりません」

さらに共同使用を進めるべき日本の地域にも言及している。

「特に南西諸島と先島(さきしま)での共同使用態勢を整えるべきであると思います。反撃能力を備えたミサイルの保有が必要としても、その配備場所を確保しなければ意味がないですし、継戦能力を確保するには弾薬の事前集積も不可欠です」

第4回目会合では、国家安全保障会議（NSC）の体制変更も提案した。

「いまの国家安全保障会議の中核、4大臣会合を、財務大臣を入れて5大臣会合にするのがよろしいのではないか。法改正によってしっかりとそれを担保することを提案したいと思います。（中略）防衛の内容、規模、財源の一体化に関するこのような有識者会議は、今回が最初で最後にしていただくのがいいのではないかと思います。これからは国家安全保障会議の5大臣会合でしっかりとやっていただきたい、と思っております」

この本を記している24年の段階で、NSC内に5大臣会合は設けられていない。それでも議事録を読んでいくと、日本の防衛体制のあるべき方向性を共有する有識者が委員に指名され、各会合でさまざまな持論を展開しているのがよくわかる。私がもっとも強く踏み込んで提言していると感じたのが船橋氏だった。

有識者会議は、前述したように各回の最後に岸田首相が入室して発言する数分間だけがメディアにも公開されていた。取材できる記者は限られていたため、私自身は喜多氏や山口氏を直接取材する機会を持てていない。

一方、船橋氏とは一度だけ共通の知人に誘われて食事をしたことがある。有識者会議よりもずっと前の17年ごろだったと思う。

きっかけは当時私が出席していた菅義偉官房長官の定例会見だ。私の質問にいら立ちを募らせる菅氏、という光景に船橋氏は関心を持ったらしい、と知人からは聞いた。

場所は東京の夜景を見わたせる六本木(ろっぽんぎ)の高層ビルにあるレストランだった。菅氏とのやりとりを私が話すと、船橋氏は楽しそうに聞き入っていた。

船橋氏は朝日新聞社で経済部畑や国際部畑を歩み、堪能な中国語や英語を活かして北京(ペキン)やワシントンの特派員、アメリカ総局長などを歴任。在職中にハーバード大学やコロンビア大学、あるいはアメリカのシンクタンクなどで客員研究員を務めるなど、国際的なキャリアを積み重ねてきた。そのなかで、富や権力をもつエスタブリッシュメント層とのパイプも築いたようだ。

食事の席で船橋氏は、そうしたコネクションを活かし、来日する知日家の外国要人をアテンドする仕事も担っていると語っていた。知日家といえば聞こえがいいが、実際には日本政府の手法を知り尽くしたタフ・ネゴシエーターや、ジャパンハンドラーだろうな……と私は思った。

「ジャパンハンドラー」は、アメリカでは「日本を飼い馴(な)らした人物」の意味で使われ、この章で記したアーミテージ元国務副長官やナイ元国防次官補らはその象徴といえるだろう。

実際にアーミテージ氏と通じていた船橋氏は、来日するジャパンハンドラーの多くが「ユリコ・コイケに会わせてほしい」とリクエストしてくるとも語っていた。

東京都知事として大きな権力をもつ小池百合子氏と、国会議員時代から太いパイプを築いていた船橋氏の人脈は海外にも広く伝わっていたのだろう。


船橋氏は主筆を3年あまり務めた後の10年に朝日新聞社を退職し、独立系のシンクタンク、日本再建イニシアティブを設立、さまざまな言論活動を行ってきた。

このシンクタンクは17年にアジア・パシフィック・イニシアティブと名称変更され、22年には約70年の歴史をもつ公益財団法人国際文化会館と合併した。

朝日新聞社を離れて10年以上が経過しているからか、日本経済新聞社の喜多顧問や読売新聞社の山口社長の提言が両紙で記事化されたのとは対照的に、船橋氏の有識者会議での提言は朝日新聞に掲載されなかったようだ。

安保三文書が改定された翌日の22年12月17日の朝日新聞の社説には、次のような大見出しがつけられていた。

「『平和構築』欠く力への傾斜」

朝日新聞の別次元の転換

もっとも、朝日新聞社はまったく別の次元で転換期を迎えているのかもしれない。私が大きな変化の象徴と感じるのが、記者個人のX（旧ツイッター）による発信だ。

朝日新聞社は21年8月4日に、同社広報の公式アカウントへ、SNSの利用に関して次のような宣言を投稿している。

「朝日新聞社は、ソーシャルメディアガイドラインを見直し、朝日新聞社の姿勢を社外のみなさまにお示しする『ポリシー』と、社員が守るべきルールをまとめた社内向けの『ガイドライン』に分けて整理しました」

公開された六カ条のポリシーは「言論・報道機関の一員である自覚を持って、社会常識やマナーをわきまえた発信をします」に始まり、さらに「誹謗(ひぼう)中傷やハラスメント、差別的な発信はしません」や「顧客や取引先の情報、本社の機密事項など、業務上知り得た秘密は発信しません」などで構成されている。いずれもSNSを活用する上で、当たり前の内容だ。

とはいえ、その後の状況を見る限りは、記者の個性が伝わってくるような投稿になかなかお目にかかれなくなった。

批判だけでなく賛同されるケースも含めて、記者個人の投稿が拡散されたり、炎上したりするのを避けたい――こういった意識があまりにも強く作用しすぎ、投稿そのものを自粛するようになっているのではないだろうか。

問題はもう一つあった。それは株主の構成比率の変化だ。

朝日新聞社は08年6月に、テレビ朝日との間で株式を持ち合う資本および業務提携を結んだ。テレビ朝日が朝日新聞社の株式38万株を約239億円で取得し、朝日新聞社はそれまで保有していたテレビ朝日の株式の比率を25%未満に下げる。

その結果、朝日新聞社の株主の3位がテレビ朝日ホールディングスとなり、保有比率は11・88%となった。朝日新聞社はテレビ朝日ホールディングスの筆頭株主で変わらないものの、保有する株式比率はそれまでの35・92%から24・72%に下がっている。

テレビ朝日ホールディングスについて、私はその報道姿勢に危機感を抱き続けている。14年を境に政権寄りの報道姿勢が顕著になったと感じるからだ。

14年は、テレビ朝日の生え抜きで初めて社長を務めた早河洋（はやかわひろし）氏が代表取締役会長兼最高経営責任者（CEO）に、幻冬舎の代表取締役社長、見城徹（けんじょうとおる）氏が放送番組審議会委員長にそれぞれ就任したタイミングだ。

テレビを励ます市民グループ

早河氏がテレビ朝日ホールディングスを掌握する経営体制は、すでに11年目を迎えている。テレビ朝日の姿勢が朝日新聞社にも影響を与えないという保証はない。そうした構図のなかで24年4月、ある市民グループが立ち上がった。

声を上げたのはその前年に発足した「テレビ輝け！市民ネットワーク」の48人。テレビ朝日ホールディングスの発行済み株式を約4万株購入し、権力に忖度や迎合しない報道姿勢を求める株主提案まで行った。

4月8日に都内で行われた記者会見を私も取材にいった。

共同代表を務める一人、法政大学前総長の田中優子(たなかゆうこ)氏は、批判ではなく励ますための提案だと位置づけた上で「テレビが与える影響力はまだまだ強い。信頼しているがゆえに、しっかりしてほしい」と報道の原点に戻るべきだと力を込めた。

もう一人の共同代表、文部科学省のトップである事務次官を務めた前川喜平(まえかわきへい)氏は会見前にインタビュー取材に応じ、他の民法各局にも同じ措置を取っていく方針だと明言。第1弾としてテレビ朝日を選んだ理由を次のように語った。

「テレビ朝日は特に報道での変貌ぶり、政権へのすり寄りが顕著です。このままでは日本のテレビメディアが、ロシアや中国のようになってしまうと危惧(きぐ)しました」

資本主義では、上場企業が株主のチェックを受ける仕組みだ。市民ネットワークは物言う株主となる実力行使に出た。さらに公式ホームページでは、テレビに取り上げてほしい最大のテーマとして「安全保障政策、端的には戦争です」としている。

「台湾有事は日本の有事、という言葉を用いて、安倍、菅、岸田の三代の内閣が日本をアメリカの戦争に巻き込む計画を進めています。マスメディアは、政府の情報の垂れ流しではなく、客観的な国際情勢を伝えるとともに、軍備増強の日本の行動こそが他国の危機感を高めている現状を伝えてください。日本の行動はアジア諸国の写し鏡であるという理性的な外交の指針を示していただきたい。戦争は、踏み込んだら止まりません。日本はいま岐路に立たされています」


市民の危機意識から来る動きに対して、メディアの熱は高くないと私は感じている。たとえばイギリス、イタリアと共同開発する次期戦闘機について、日本から第三国への輸出が解禁されるだろうことに対して日本消費者連盟と主婦連合会、武器取引反対ネットワーク（NAJAT）が都内で共同の緊急会見を開いたことを第二章で記した。

会見を取材したのは私一人だった。マスメディアの反応はなぜこれほど鈍いのか。私は取材後に個人のXを更新した。

「今日の会見に新聞・通信・テレビ含めたマスメディアの記者は、東京新聞をのぞいてゼロ。この国のマスメディアの現状が、岸田官邸が突き進める武器輸出を容認させている」

パリに本部を置く国際ジャーナリスト組織、国境なき記者団が5月3日に24年の世界各国の報道の自由度ランキングを発表している。第二次安倍政権発足後に一気に順位を下げた日本は、対象となる180か国および地域のなかで前年より二つ順位を下げて70位。主要7か国（G7）のなかでは、依然として最下位のままだ。

同記者団は日本が下位に低迷する理由について、男女間の不平等やメディアの自己検閲や外国人記者らへの差別につながっている記者クラブ制度、そして政治的な圧力をあげている。しかし、問題は私たちメディア側の姿勢にもあると、一人だけ出席した記者会見が物語っていたと思わずにはいられなかった。

第四章

要塞化が進む南の島々

休暇で沖縄、そして与那国へ

失礼を承知で、玄関のチャイムを押した。訪ねたのは沖縄県八重山郡与那国町の糸数健一町長の自宅。23年になって間もないころだ。

年末年始の休暇を利用して夫の父母と小学生の長男とともに沖縄県糸満市、そして日本の最西端に位置する与那国島を旅行していた。長女は受験のため、夫とともに今回は同行しなかった。

旅行先の一つに私が糸満市を選んだのはひめゆりの塔と、ひめゆり平和祈念資料館をどうしても長男に見せたかったからだ。

子どもたちが実際に戦争を経験した世代から、話を聞く機会が少なくなってひさしい。亡くなった私の両親も、義父母も戦後生まれだ。

戦争を繰り返してはいけない、という思いを引き継いでほしいと考えて選んだ。ひめゆりの塔や資料館内の展示物に、長男は真剣な表情で見入っていた。一緒に行けてよかったと思っている。

沖縄本島から南西へ約509㎞も離れ、空路で約1時間半の移動時間を要する与那国島へ足を延ばして年を越したのは私の希望でもあった（図4-1）。

東西に約11㎞、南北に約4㎞とさつまいものような形状の与那国島の面積は、東京ディズニーランド約57個分にあたる。最寄りの石垣（いしがき）島までは直線距離で約１２７km。台湾までの距離の方が約１１１kmと近く、好天に恵まれれば「日本国最西端之（の）地」と刻まれた石碑がある西崎（いりざき）岬から海越しに台湾が見える。

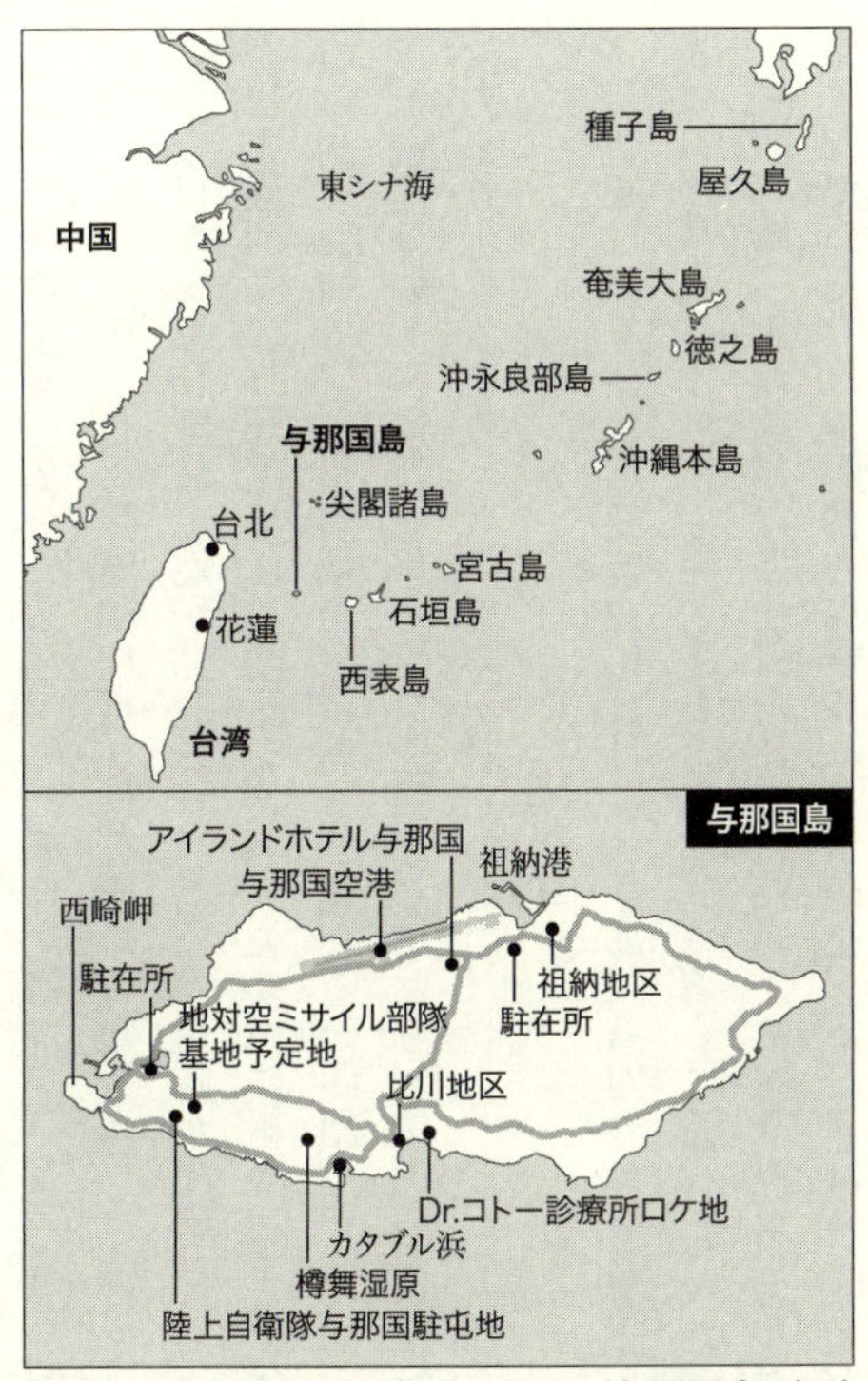

図４－１　南西諸島（上）、および与那国島（下）

島内には駐在所が2か所あり、それぞれに警官が一人いる。島の治安は二人の警察官が担っていたが、そうした歴史が16年3月を境に一変した。

陸上自衛隊与那国駐屯地が開設され、沿岸監視隊が配備されたからだ。台湾にもっとも近い日本最西端の与那国島は「南西シフト」の要衝に組み込まれた。南西シフトとは、自衛隊の体制において、九州南端から台湾へと連なる南西諸島を強化するという方針のことだ。沿岸監視隊は船舶の情報収集を主な任務としており、中国の海洋進出をにらんだ南西諸島の防衛力を強化するため、というのが設立の理由だ。

私が旅行するひと月前の22年11月には与那国島内の一般道路を自衛隊の装輪装甲車が走る光景（写真4－1）が、新聞やテレビなどで物々しく報じられた。

その当時、南西諸島などを舞台に、自衛隊とアメリカ軍による大規模な共同統合演習が実施されていた。日本が武力攻撃される事態を想定し、自衛隊とアメリカ軍の即応性や相互運用性の向上が図られた。与那国駐屯地ではそれぞれの指揮系統に従い、共同して作戦を実施する日米共同統合演習（キーン・ソード23）が行われた。

防衛省は演習へ向けて、与那国空港の使用などを含めた許可申請書を沖縄県に提出。県は短時間の駐機などを許可したのに対して、戦車の装備が町民に見える状態で公道を走る状況には難色を示し、走行の取りやめや車両の変更を要望していた。

しかし、演習当日の17日に与那国空港から運び込まれたのは、タイヤで走行する陸上自衛隊の最新鋭の装甲車だった。16式機動戦闘車（ＭＣＶ）と呼ばれるものだ。搭載されている105ミリ砲をむき出しにした戦闘車は、前後を自衛隊の警備車両にはさまれながら、空港から駐屯地までの約4㎞を時速約40㎞で自走した。

写真４－１　与那国島の公道を装輪装甲車が走っている様子（写真　時事通信フォト）

16式機動戦闘車の車体は全長8・45ｍ、幅2・98ｍ、重さ26トンという巨大さだ。道幅が狭い一般道路のカーブを曲がりきれず切り返す場面もあったという。翌18日も与那国空港へ戻るために一般道路を走行している。どうか想像してほしい。自分が住んでいる街の道路を、砲弾を搭載した戦車が走行する光景を。

要望が受け入れられなかった沖縄県の玉城デニー知事は「日米の共同使用について、なし崩し的に物事が進められている状況を一番危惧している」と憂慮した。

対照的に与那国町の糸数町長は地元を離れ、東京へ出張していた。報道によれば、日米共同統合演習（キーン・ソード23）について「訓練の必要性は大いにあると思っている」とコメントしている。

与那国島をめぐる状況は、さらに大きく変わっていく。

安保三文書が改定された直後の22年12月には、防衛省が請求した予算概算から、さらなる構想が明らかになった。地対空ミサイル基地増設と与那国空港の滑走路の500m延伸、島南部の比川地区に港湾を新たに建設するという。

与那国空港の滑走路は現状2000m。5年間をかけた滑走路拡張工事が06年に完了し、それまでの1500mから延伸されていた。とはいえ大型旅客機の離着陸を可能にするには最低でもあと500mが必要だ。また港についても、既存の二つの港は水深が浅く、大型客船の入出港ができない構造になっていた。

いずれも台湾有事が起こった際に、町民をスムーズに島外へ避難させるためだと糸数町長は主張。自ら政府や防衛省に要望した案件だと公言していたが、政府側は別の思惑も抱いていたようだ。同じく2500m級でないと離着陸できない航空自衛隊のF35戦闘機や、海上自衛隊の大型護衛艦の利用がそれぞれ想定されていた。

これではまるで軍事要塞のようだ。その現状を確かめたいと思い、与那国島へ足を運んだ。私にとっては初めての与那国だった。

美しく生物多様性に富む島が

与那国島に滞在していた間は、長男を義父母に預けて、ミサイル基地や港湾の建設が予定されている場所を見て回った。取材を通して知り合った与那国町の町議、田里千代基（たさとちよき）さんが案内してくれた。

映画化もされたドラマ『Dr.コトー診療所』のロケ地とは聞いていたが、その自然美に想像を超えて感銘を受けた。雄大な自然と澄みきった青い空、そしてエメラルドグリーンの海が広がり、時間の流れが止まっているような光景に吸い込まれていく感覚を覚えた。集落は島内の3か所にあり、コンビニエンスストアは一つもない。

いたるところで自由に放牧されている与那国馬を何頭も目にした。与那国町の天然記念物だ。島内の道路では車よりも与那国馬が優先されるため、のんびりとした気持ちにもなった。ハンマーヘッドシャークとも呼ばれる、シュモクザメの大群が訪れる時期とあってダイバーなどの観光客も多かった。

対照的にミサイル基地の増設が予定されているエリアは原野や牧場が広がっていた。自衛隊駐屯地の東側に隣接する約18万㎡の土地だ。ここは16～17世紀ごろに集落が存在した跡地で、一部が埋蔵文化財の伝サガムトゥ村跡遺跡と一致する。のちに沖縄タイムスが報道するのだが、このため部隊の配備に遅れが出る可能性がある。

新港の建設予定地は、白い砂浜がまぶしい遠浅のカタブル浜が入口だ。この浜をつぶし、その以西に広がる樽舞(たるまい)湿原を1㎞以上掘り起こす計画だ。この湿原には国の天然記念物アカヒゲを含めた貴重な鳥類が数多く生息し、日本の重要湿地500に選ばれている。そのため、住民や研究者からは懸念の声があがっている。

私たち家族は、取材を通して知り合った狩野史江(かのうふみえ)さんが経営する民宿、さきはら荘に泊まっていた。

島を取材で一回りして民宿に戻り、狩野さんや田里さんと話をしていると、町長の糸数氏の自宅がさきはら荘のすぐ近くにあるということがわかった。

糸数氏は与那国島への陸上自衛隊誘致を進めた一人で、21年8月の町長選で初当選。その前は町議会議員および議長を務めていた。

なぜ糸数氏は美しさにあふれた生まれ故郷の軍事要塞化を容認しているのだろう。本人に聞いてみたいという思いが膨らんだ。

糸数町長との面識はなく、取材のアポイントも取っていない。しかも、時期は正月の三が日。さすがに自宅を直撃するのは失礼ではないかと少し逡巡(しゅんじゅん)した。最後には、「ここで自宅へ行かない手はないだろう」「相手は公人だから」という理屈が自分の中で上回った。

東京新聞で最初に配属された千葉支局時代や、社会部記者の駆け出し時代に、警察幹部らの自宅官舎を何度も夜討ち朝駆けしてはネタを聞き出してきた。経済部記者として武器輸出解禁の動きを追いかけたときも、防衛省幹部や防衛関係企業の集まる場所を訪れては直撃取材を試みた。

直撃したところで逃げられたり、警察に通報されたりするなど、まともに話してくれないことがほとんどだったが、中には現状を憂慮して話してくれる人もいた。一つ一つは小さなコメントかもしれない。でもそれを別の幹部にぶつけてまたコメントを得る。そんなふうにコツコツ取材を積み重ねて記事を作ってきた。

そんなことを思い出していると、糸数氏の自宅が視界に入ってきた。千載一遇のチャンスと思いながら玄関のチャイムを押した。出てきたのは若い女性だった。

「お正月早々に誠に失礼いたします。東京新聞記者の望月と申します。糸数町長にお話をうかがいたいのですが、ご在宅でしょうか」

女性は糸数氏の娘さんとのことだった。驚きもせずに、丁寧な口調で対応してくれたが、自宅ではマスコミの取材に対応しない、休暇明けに与那国町役場の広報へお問い合わせしてほしい、と断りを入れられた。それ以上は無理強いできない。女性にあらためて非礼をわび、自宅を後にした。

与那国町役場の仕事始めを待って、広報へ連絡を入れたが結局、与那国島に滞在している間にインタビュー取材は実現しなかった。

転機は07年、アメリカ掃海艦の突然の寄港

与那国島の歴史は07年6月24日を境に大きく変わった。

北部に位置する島内で最大の集落、祖納地区の海岸に位置する祖納港（写真4‐2）へ、アメリカ海軍の掃海艦2隻、ガーディアンとパトリオットが突然寄港したのだ。アメリカ海軍の艦艇が沖縄県内にある民間の港湾施設を使用するのは極めて異例で、八重山郡内の港湾に限れば72年の本土復帰後で初めてだった。

祖納地区の町民は驚き、抗議を繰り返した。港周辺は一時騒然となったが、当時の外間守吉町長はアメリカ海軍が寄港した目的を「与那国島との交流のため」と説明して沈静化を図った。

実情はまったく異なるものだった。

内部告発サイトのウィキリークスはほどなくして、掃海艦に乗船していた当時の在沖縄総領事、ケヴィン・メア氏が国防総省に送った、与那国島に関する報告書を暴露した。そこには驚くべき内容が綴られていた。

「島の港である祖納港は掃海艇が安全に接岸できるほど（水深が）深い。類似の艇を一度に収容できる与那国島は掃海艇の拠点になりうる。祖納港の近くには与那国空港が立地しており、空港を利用しヘリコプターを掃海艇支援に使えば、台湾にもっとも近い日本の前線領土として対機雷作戦の拠点になりうる」

写真4－2　祖納港（提供　田里千代基町議）

実際、メア氏の指揮のもと、アメリカ海軍は祖納港の地形調査などを堂々と行った。さらに田里さんによれば、07年7月の参院選で初当選を果たしたばかりの自民党の佐藤正久（さとうまさひさ）氏が、頻繁に与那国島を訪れるようになったという。佐藤氏は元陸上自衛官だ。

その後、佐藤氏は「与那国防衛協会」という組織を設立、糸数氏が副会長に就いた。糸数氏は、06年の与那国町議会議員選挙で初当選していた。同協会は08年に自衛隊誘致に関する趣意書を作成して署名活動を開始し、外間町長あてに陳情書を提出。同年9月には自衛隊誘致に関する要請決議を町議会へ提出し、賛成多数で可決された。

メア氏が与那国島を訪れてからわずか1年あまりで、自衛隊を誘致する動きが具現化されたことになる。さらに外間町長は09年6月、麻生政権の浜田靖一防衛大臣へ自衛隊配置に関する要望書を提出している。

当時は与那国町役場に勤めていた田里さんによれば、外間町長は与那国島に自衛隊が必要な理由をこう語ったという。

「自立へのビジョンはすべてやってきたが、結果は出なかった。人口減少に歯止めがかからず、地域振興は進まない。だから自衛隊を誘致するんだ」

実際、与那国の人口は減っていた。

戦前、戦中を通じて、与那国島は日本が統治していた台湾との間で人や物が行き交う中継地として繁栄、47年の人口は一時的に1万2000人にまでなった時もあった。台湾からの帰還者対策事業の影響もあり、同年12月にはそれまでの与那国村から与那国町へ昇格している。

しかし、戦後に沖縄を統治したアメリカ軍による取り締まりが厳しくなった結果、国境が生まれていた台湾との公式定期航路だけでなく非公式な交流、すなわち密貿易も閉ざされ、人口が急激な減少に転じた。

与那国島にはそのときから今に至るまで島内に高校がない。中学卒業とともに親元を離れるか、家族全員で石垣島や沖縄本島などの島外の高校へ進学しなければならない。そうした動きも人口の激減に拍車をかけた。

80年代に初めて２０００人台を割り込み、政府へ自衛隊の配置を公式に要請した09年には１６１８人（年間平均、以下同）にまで減少していた。

その間の03年には石垣市、竹富町との合併が協議され、翌年10月に中学生以上の子どもたちだけでなく永住外国人も参加した住民投票を実施。合併反対が６０５票で賛成の３２７票を上回り、与那国町は独自の道を歩み始めた。

外間町長が言及した「自立へのビジョン」がそれであり、具体的には台湾との交流再開が柱としてすえられた。台湾の花蓮市との直行便就航などが盛り込まれた特区構想を制定し、構造改革を推奨していた小泉内閣に05年、06年と申請した。花蓮市とは82年に姉妹都市となっていたが、申請は港湾施設の不整備などを理由にいずれも却下された。

それでも与那国町は民間レベルでの交流を続け、07年5月には花蓮市に連絡事務所を開設。田里さんは駐在員として赴任して奔走したという。

前述したアメリカ海軍の掃海艦が祖納港に寄港する騒動が起こったのはその直後のことだった。田里さんは「そのころから外間町長の姿勢が変わってきた」と後に振り返っている。

半年間の駐在を終えて与那国島に戻った田里さんは自衛隊誘致反対を唱え、09年には町役場を退職する。同年に行われた任期満了に伴う町長選へ、自衛隊誘致の是非を争点に掲げて出馬したが、516票対619票で敗れた。

そこであきらめなかった田里さんは、定数6が争われた翌10年の町議選に出馬して初当選を果たす。「民意は出た」とする誘致賛成派に対して地道な反対運動を続けた。14年9月の町議選で野党が1議席を伸ばし、与党、野党ともに3の同数となった状況を機に攻勢を強め、住民投票関連条例の制定にこぎつけた。

自衛隊誘致の是非を問う住民投票は、翌15年2月に実施された。生まれ育った島の将来がかかった問題とあって、中学生以上の子どもたちに加えて永住外国人も再び参加した結果は、賛成632票に対して反対445票だった。それでも4割が反対した民意を尊重したいと、田里さんは現在も町議として活動している。

そして16年3月、自衛隊与那国駐屯地が開設された。

ミサイル基地が作られる島に住む人々

「地域振興」を掲げて誘致された自衛隊だが、それから8年が経った。与那国島が抱える問題は解消されたのだろうか(図4-2)。

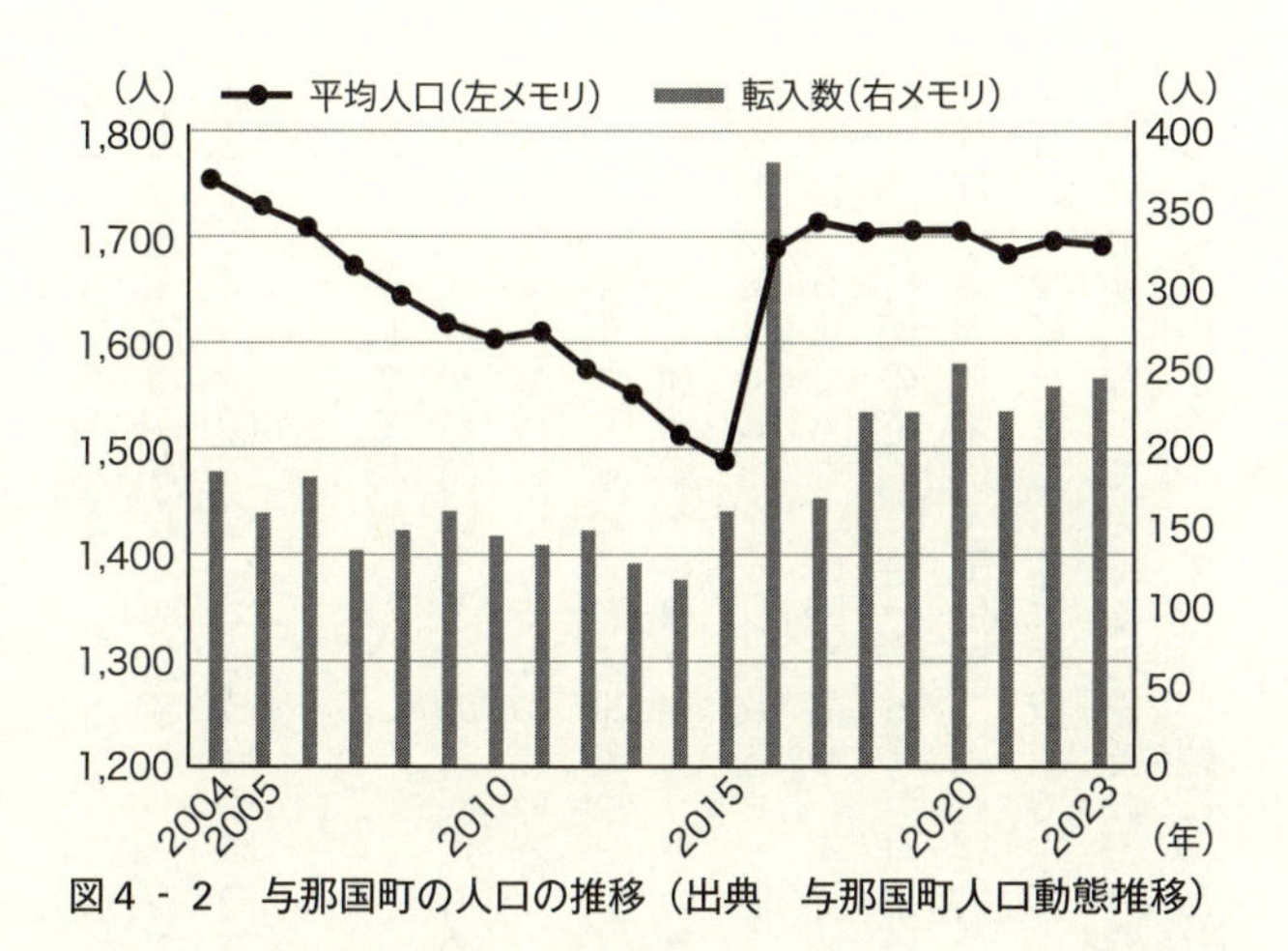

図４－２　与那国町の人口の推移（出典　与那国町人口動態推移）

人口は住民投票が実施された15年に１４８９人と、初めて１５００人のラインを割り込んでいた。一転して16年は１６８６人に、17年には１７１２人に増えている。１７００人を超えるのは11年ぶりであり、増加した大半が与那国駐屯地に赴任した陸上自衛隊員とその家族だ。

しかしその後は徐々に減少し、21年からは３年連続で１７００人を下回った。24年10月末日の時点で１６８３人となっている（与那国町ＨＰ）。同年３月に追加で移駐された、約40人の電子戦部隊が数字を押し上げたのだろう。町の人口に占める自衛隊員とその家族の割合は約17％にまでなった。

こうした推移から見えることは、自衛隊の駐留は長く続いた人口減少に確かに歯止めはかけたが、根本的な解決策には至っていないということではないだろうか。

もし自衛隊員がさらに増強され、一方で島民の転出が続けばどうなるだろう。町長選や町議選などで自衛隊、ひいては政府や防衛省の意向がより反映される状況が生まれるのではないか。

民宿を経営する狩野さんはいう。

「町民の2割が自衛隊員とその家族に占められている中で、反自衛隊基地や反軍拡という声は言いたくても言いづらくなっている」

22年の年末から進められる地対空ミサイル基地の増設計画は、島民の転出をさらに後押しするだろう。他地域から移り住もうという人がいても気持ちに水を差してしまう。

地対空ミサイルは、安保三文書で承認された反撃能力、つまり敵基地攻撃能力を担保する。対象はいうまでもなく中国であり、実際にミサイルが配備され、発射されるようなことになれば武力行使の応酬は避けられず、与那国島は戦禍に見舞われてしまう。

与那国島の将来に、田里さんは悲観的な思いを募らせている。

「これまでは子ども連れて家族で来ていた自衛隊員が、単身で来るようになった。島内勤務が、危険になっていくことをそれだけ察知しているということなのだろう。戦場にされるだろう場所にどうやって若者が留まったり、来たりすることができるというのでしょうか」

地域振興という点で経済効果についても見てみたい。与那国町の平均所得は348万785円（23年）で、沖縄県41市町村のなかでは嘉手納町の351万9880円に次ぐ2位だ。

写真4－3　自衛隊の官舎（上）と町営住宅（下）（提供　田里千代基町議）

平均所得は06年から200万円台の後半で推移し、16年度は269万4545円で、県内での市町村民所得は13位だった。これが17年度に318万7133円と一気にはね上がって3位に浮上し、21年度には357万7000円と1位の北大東村に続いて2位となった。駐在する自衛隊員160人の給与が500万～800万円と高額なため、必然的にはね上がったのだという。

この点についても田里さんは楽観視せず、むしろ嘆いている。

「基地に伴う建設工事によって経済が上向いている部分もありますが、しょせん一過性のものです。それと引き替えに私たちは先祖が代々守ってきた平和をなげうっていいのか」

私も島内を回りながら、田里さんがおっしゃることを実感した。

一戸あたり1億円以上の予算がついている、とされる自衛隊員の真新しい官舎は、豪華絢爛なたたずまいを漂わせている。一方で一般の人が住む町営住宅などは老朽化が激しい（写真4‐3）。そのコントラストが島の現実を表しているようで何とも言えない気持ちになった。

島にある唯一のホテル「アイランドホテル与那国」は、基地建設の作業員の宿舎として借り上げられており、一般観光客は宿泊できない状況が続いている。

自衛隊の誘致は与那国町と政府および防衛省が、ウィンウィンの関係になるとして進められたはずだ。駐屯地の開設から8年以上が経過したが、誘致過程で分断された町民の間の溝はそのままだ。自衛隊の誘致に賛成した町民でさえも「ミサイル基地までは聞いていない」と漏らす声を聞いた。

与那国島に滞在している間に、民宿のさきはら荘を経営している狩野さんにもインタビューをさせてもらった。

狩野さんは、町民の有志たちと結成した与那国島の明るい未来を願うイソバの会の一員としてもさまざまな活動を展開している。「イソバ」とは、15世紀末から16世紀に実在したとされる与那国島の女性首長。巨体と怪力を誇り、琉球（りゅうきゅう）王国配下の軍勢に攻め込まれたときには、先頭に立って撃退して与那国島を守った伝説が残されている。

メンバーでつくったTシャツの背中には、沖縄の方言が記されている。

「ばんた どぅなんちま かてぃらりぬん」

意味は「私たちの島を捨てられない」であり、会の活動指針にもなっている。

狩野さんはいう。

「軍拡で人々の暮らしは豊かにならない。島は、基地ができて大きく変質してしまいました。かつて米軍が来たら追い出すと前町長は言っていたが、結局、米軍と訓練を重ねるようになり、逃げたい人には、1人100万円の手当を出す『避難基金創設』を打ち出しました。最終的にこの与那国町は硫黄（いおう）島のように人の住めない島にされてしまうのだと思っている。硫黄島のような悲劇が二度と繰り返されてはならないというのに」

硫黄島は第二次大戦の激戦地で、アメリカ軍の空襲で壊滅的な被害を受け、島民は疎開させられ最終的に廃村になった。島は今もなお自衛隊員以外は原則として立ち入り禁止で、戦争で命を落とした約2万人のうち半数の遺骨は放置されたままだ。

安保三文書が改定された直後にも、狩野さんには電話でインタビューさせてもらった。安保三文書の改定でミサイル基地の増設が盛り込まれており、与那国島も巻き込まれようとしていたからだ。

狩野さんは「日本は立場を忘れていると思う」としてこう続けた。

「世界で唯一の被爆国として、戦争は絶対にダメだと言い続けていくのが日本の立場だと思うんですけど、今はアメリカと一緒になって、戦争を仕掛けてくるのならばやっちゃうよ、みたいにどんどん変えていこうとしている。ものすごく不幸な道を、日本が再びたどっているように思えるんです」

自衛隊員に対しても、「災害復旧や災害救助隊として、もっと活躍してほしい」と語る。

「起こるか起こらないかわからないもののために、これだけの数の自衛隊員を配備するのは、本当に無駄でしかないと私は思っています。そういった予算の使い方が、次世代の人たちにつけとなって回っていく。ものすごくかわいそうですよね」

インタビュー取材から約1年後。24年元日に発生した最大震度7の能登(のと)半島地震で、人命救助などのために派遣された自衛隊員は発生5日目の時点で約5000人だった。同じく震度7が観測され、発生5日目の時点で約2万4000人が派遣された16年4月の熊本地震と比べて、政府の初動対応はあまりにも遅かったと私はいまでも憤っている。

島と中央とをつなぐのは

与那国の様子は23年1月20日のArc Timesで配信した。新港の建設予定地などを田里さんに現地で解説していただいた話などを紹介した。さらに私が当時やっていたFMラジオ局「J-WAVE」のポッドキャストには、田里さんに出演をお願いして、それがかなった。

インタビューの中でもっとも驚かされたのが、私が糸数氏の政策アドバイザーの存在を尋ねたときだった。

町長の糸数氏が自身だけで基地建設などの調整をしているとは思えない。私が長く取材する官邸でも、表舞台に立たない省庁の役人が為政者に対して振り付けするのを何度も見てきた。同じように政権や永田町（ながたちょう）の意向などを伝えたり、方向性を指南したりする人がいるのではないか。

田里さんは、与那国町の政策参与を務めた元東京都議会議員、自民党の栗山欽行（くりやまよしゆき）氏の名前をあげた。政策参与は、町長が委嘱する形で22年4月に突然設けられた非常勤の特別職だ。

「その方が国とのパイプ役になっているのではないか。そのなかで糸数町長は与那国の軍拡を推し進めたい国の意のままになっているのではないか。本来あるべき手順を踏まずに、政策を持ってくるのはいかがなものかと。これは与那国町だけじゃなくて、沖縄県自体も関わっているわけですね。空港にしても港湾にしても、これらは県の管轄ですからね。県ともこれらを協議すべきなのに、事前に知事の方に相談も何もない。だけど、町長は知っている。そういった動きが垣間見えるわけですよね」

実際、沖縄県の玉城知事は与那国島へのミサイル部隊の配備や軍港にも利用できる新港の建設に関して、次のようにコメントしていた。

「事前の説明がなく、唐突に予算を計上された。必要な情報もなく突然、計画ありきの予算計上とはいかがなものか。厳しい姿勢で臨まざるを得なくなる」

私はある仮説を立てた上で田里さんに尋ねた。

「政策参与を務める元都議の栗山氏は、たとえば日本会議などといった政治団体がバックに関わっている方なのでしょうか」

日本会議は約4万人の会員を擁する日本最大の保守系政治団体で、皇室への敬愛と天皇を中心とした国家への回帰、そして新憲法の制定を主張に掲げている。

田里さんは私の推論を肯定した。

インタビュー終了後に私は日本会議の公式ホームページを開き、検索欄に栗山氏の名前を入力すると、1件だけヒットした。10年9月に東京・有楽町（ゆうらくちょう）の交通会館前で行われた街頭情宣活動の記事だ。抗議と非難を展開したことが書かれており、対象は尖閣諸島近海で起こった中国漁船による領海侵犯問題だった。

そこには「日本会議地方議員連盟が中心となる」と書かれ、参加した7人の地方議員のなかに、東京・狛江（こまえ）市議だった栗山氏も名を連ねていた。

田里さんは「いまさらこういったもの（ミサイル基地）を作っても、負の遺産にしかならない」として、次のように続けた。

「ひと言でいえばアメリカに揺さぶられている日本、追随している日本、そしてノーと言えない日本ですね。たとえば改定された安保三文書に記されたGDPの2％目標も、アメリカの武器を爆買いするための予算であり、8割がアメリカにいくわけです。偏った情報だけで一つの環境を作っている現状が見えてくるわけですよ」

配信の最後、私は田里さんと思いを共有する形で、メディアに従事する一人としての自戒を込めながらこう締めくくった。

「メディアが中国を批判的に報じるなどして市民の不安を煽っていると感じることもある。その結果としてミサイルが配備される場所がどのような状況になっているのか。明るかった島民がものすごく暗くなり、自衛隊の方でさえ家族を伴っての赴任をやめるケースが出てきている。夢をもてない島が作られつつある状況を、メディアに携わる者としても真剣に考えていきたいと思っています」

有事を想定したさまざまな施策

与那国島の混乱と困惑は現在進行形で続いている。

たとえば台湾有事の際に町民が避難するシェルター。町長の糸数氏はかねて「町民がシェルターのなかに閉じ込められたままになる状況は、避けなければいけない」と語り、シェルターではなく、与那国空港の滑走路延伸や新港の建設など、町民をすみやかに島外へ避難させる手段の構築を最優先に掲げてきた。

しかし糸数氏は、22年11月を境にシェルター設置にも積極的な姿勢を見せ始めた。東京へ出張していた糸数氏が島へ戻ったタイミングだ。財源の問題で町単位での設置が困難だったシェルターだが、国側と何らかのコンセンサスが得られたと私は見ている。

与那国町議会は翌12月、一刻も早いシェルター設置を求める意見書を賛成多数で可決。さらに23年2月には町議会の議員団が国会や防衛省を訪れ、松野博一内閣官房長官と浜田靖一防衛相に意見書を手渡している。田里さんらは「かえって緊張を高め、町民を危険にさらす懸念がある」として意見書に反対票を投じた。

さらに23年6月には糸数氏も防衛省に浜田防衛相を訪ね、シェルター整備へ向けた財政支援を要請した。現状で与那国町内には地下施設がないが、糸数氏は老朽化した町役場庁舎を建て替える計画のなかで、有事にはシェルターとしても利用できる地下施設を整備する構想も明かしている。

「危機事象対策基金」の積み立ても進められている。同基金は、有事となる前に島外への避難を望む町民に対して、移動や避難後の生活資金を支給する。22年9月の町議会で条例案が可決されていた。

町予算の一部を積み立てていく同基金から実際に給付される場合、糸数氏は一人あたり100万円程度が必要になるのではないか、といった見解を示している。

町議会審議では「(基金は)有事の危機を煽りかねない」と懸念を示す意見も出たが、糸数町長自らが創設を公表した。ただ、別の視点から見ればシェルターに避難するか、自主避難するかの二者択一を迫るようにも映る。

田里さんも前出のインタビューのなかで、次のように疑問を呈していた。

「普通はこうした考え方は出てこない。ここでも誰かが操作しているのではないか、と思わせるところがあるわけなんですよね」

その後、24年12月にこの基金について田里さんに聞いたところ、こう答えた。

「条例は22年9月の議会で制定されたが、その後の動きはないですね。24年度の予算で1000万円の計画がされたが、話題にもなっていません。1700人の町民を避難させるには17億円がいる。町長の話が一人歩きしているだけで、これが利用されたとの話は聞いていません」

いつでも一戦を交える覚悟を

さらに私は24年5月3日の憲法記念日の糸数氏の言動に衝撃を受けた。

ジャーナリストの櫻井（さくらい）よしこ氏が代表を務める「『21世紀の日本と憲法』有識者懇談会」が都内で開催した、改憲を求める公開フォーラムに登壇したのだ。糸数氏はまず、日本国憲法をアメリカに押しつけられたものだとする持論を展開した。

「だれが読んでもおかしな日本語で書かれている前文からして、現憲法は先の大戦における大和（やまと）民族の命を惜しまぬ勇猛果敢さに恐れをなした、マッカーサーをはじめとするGHQ（連合国軍総司令部）にかすめ取られた一部のばかな日本人も加担し、日本人を徹底的に粉砕するために作成された代物ではないか」

その上で自身の改憲案を提言している。

「新しい憲法では、できれば現憲法9条2項の『国の交戦権は、これを認めない』の『認めない』の部分を『認める』に改める必要がある。この日本が自縄自縛的な現憲法のくびきから脱却を図るためにも、日本国民は憲法改正に向けて勇往邁進（まいしん）する。いまがそのときだ。岸田文雄首相はじめ国会議員には、一日も早く国会で憲法改正に向けた審議を進めて発議してほしい」

最後は台湾海峡に日本で一番近い与那国町の首長として、中国を念頭に置いた上で、交戦権の行使をためらうべきではないとも訴えた。

「エコノミックアニマルと化して12億人市場に目がくらんで将来、中国の属国に甘んじるのか。はたまた台湾という、日本の生命線を死守できるかという瀬戸際にある。このような国家存続の危機にひんしては超法規的措置を取ってでも国家の命運をかけて、首相をはじめ、国会議員はもちろん全国民が、日本の平和を脅かす国家に対してはいつでも一戦を交える覚悟が問われているのではないか」

最後の「一戦を交える覚悟」が、特に町民の激しい反発を招いた。町民の安全を守る責任を負う首長が、対極に位置する好戦的な姿勢を公の場で見せたのだから無理もない。糸数氏に対して発言の撤回や謝罪を求める声が相次ぎ、与那国島の明るい未来を願うイソバの会は公開質問状を提出。

沖縄県退職教職員会八重山支部（宮良純一郎（みやらじゅんいちろう）支部長）も5月25日、石垣市内で定期総会を開き、糸数健一与那国町長が都内の改憲派集会で「一戦を交える覚悟が問われている」と発言したことなどについて「住民保護の姿勢とは相反する」として撤回を問わる特別決議を全会一致で採択した。

しかし、この原稿を執筆している24年11月の時点でも糸数氏は発言を撤回したり謝罪したりすることもなく、メディアの取材にも応じていない。

宮古島を訪ねて

16年の与那国島を皮切りに、沖縄県内では19年3月に宮古島、23年3月には石垣島に陸上自衛隊の駐屯地が次々と開設され、部隊も拡充している（図4-3）。

鹿児島県の奄美大島にも、19年3月に駐屯地と瀬戸内分屯地がそれぞれ開設された。なお、「駐屯地」とは陸上自衛隊の部隊や機関が所在する場所のことで、「分屯地」は駐屯地のなかでも規模の小さいものをいう。本館と別館のイメージに近いかもしれない。

岸田政権は22年12月に閣議決定した安保三文書で、南西防衛をさらに強化する方針を打ち出し、27年度までに第15旅団を師団に改編する方針を示した。第15旅団は10年3月に第1混成団を格上げして発足。那覇駐屯地に司令部を置き、歩兵部隊にあたる普通科連隊のほか、高射特科連隊などで構成され、約2500人が所属している。なお、「師団」は戦闘部隊や後方支援部隊など、さまざまな職種が集まった作戦部隊、「旅団」は師団よりも規模を縮小した部隊、「混成団」は混成旅団とも表記され、旅団に砲兵、工兵、騎兵などが加わった独立部隊のことをいう。

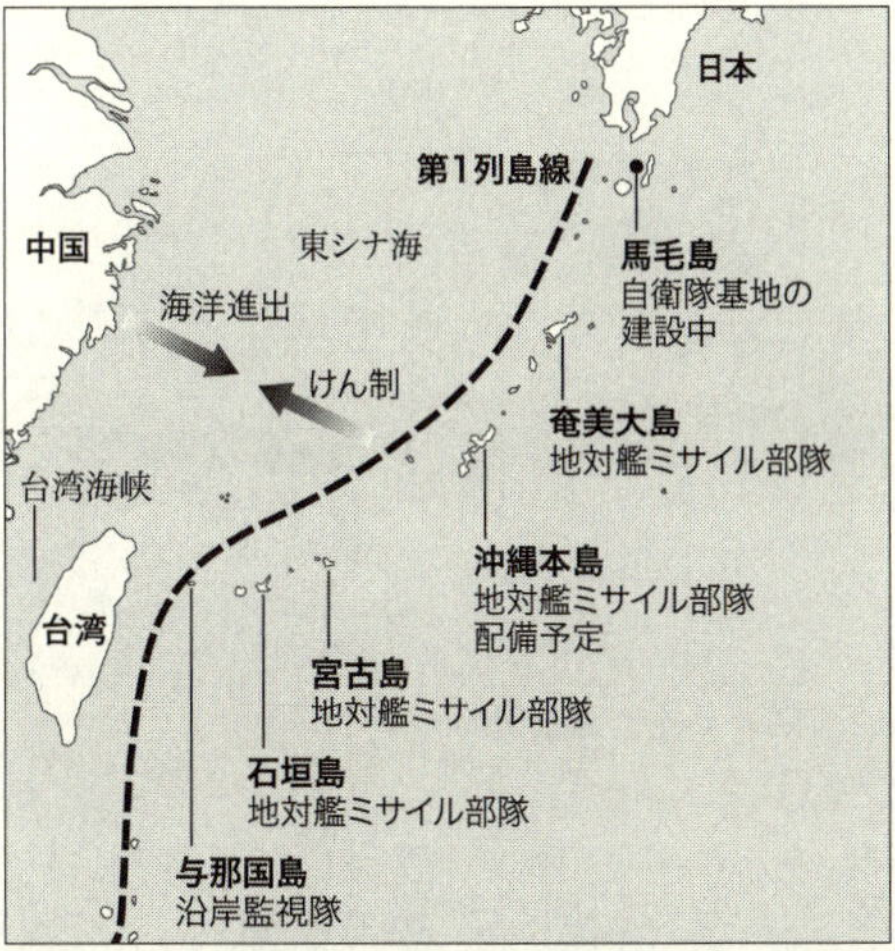

図４－３　南西諸島の島々に配備される自衛隊
（出典　毎日新聞 2023 年 3 月 16 日）

沖縄本島の勝連（かつれん）分屯地には地対艦ミサイル部隊の配備も決まった。

師団化によって、司令官は陸将補から陸将に格上げされる。第15旅団は、他の師団よりも規模は劣るが、沖縄県に司令部を置く米海兵隊第３海兵遠征軍（ⅢＭＥＦ）の司令官（中将）と階級を同格にさせ、より密接な連携を図るのだという。

与那国島を訪れる３年前、私は宮古島も訪れていた（図４－４）。19年のことだ。プライベートでは何度か行ったことがあったが、仕事で行くのは初めてだった。

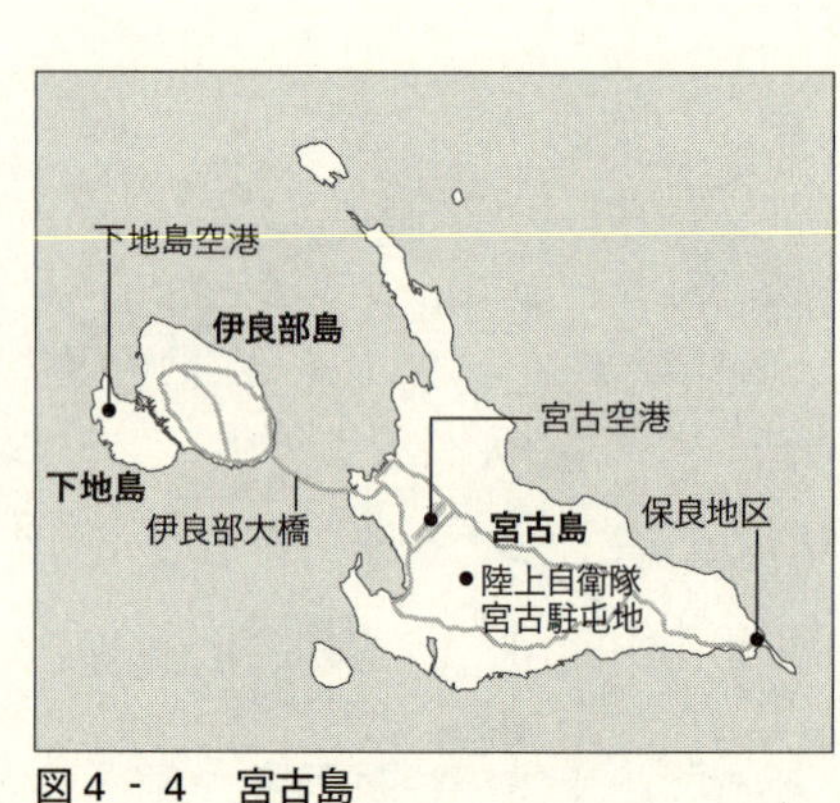

図４－４　宮古島

きっかけはジャーナリストの三上智恵さんが監督としてメガホンを取ったドキュメンタリー映画「標的の島　風かたか」だ。17年3月に公開された。場面が那覇から宮古島、石垣島、そして辺野古、高江地区と移っていくなかで、特に宮古島の描写に強い感銘を受けた。母親たちが結成した市民グループ「ていだぬふぁ　島の子の平和な未来をつくる会」が、駐屯地建設に反対の声をあげる姿だ。

共同代表を務めていた石嶺香織さんは生まれたばかりの赤ちゃんを抱き、涙をこらえるなど努めて冷静さを保ちながら、自衛隊誘致を進めてきた当時の宮古島市長、下地敏彦氏に意見を訴えていた。

ちなみに下地氏は、四選を目指した21年1月の市長選で敗れた後の同年5月に、駐屯地の用地売却をめぐる収賄容疑で逮捕。翌年12月に懲役3年、執行猶予5年、追徴金６００万円の有罪が確定している。

福岡県で生まれた石嶺さんは、宮古島の織物の美しさに魅せられて移り住み、織物工房を主宰。島の男性と結婚し、４人の子どもを授かった。

子どもたちの未来を守りたい、という思いから、17年１月の宮古島市議会議員の補欠選挙に自衛隊の配備反対を公約に掲げて立候補。５人が二つの議席を争ったなかで、２位で当選を果たした。

私は島を訪れる前からコンタクトを取っていて、石嶺さんが東京に来た際にはお会いしたこともある。宮古島を訪ねた19年３月も事前に連絡を入れ、開設を間近に控えた駐屯地の周辺を案内してもらい、反対する市民の方々を紹介していただいた。そのなかには市民グループの「ミサイル基地いらない宮古島住民連絡会」の共同代表、清水早子（しみずはやこ）さんもいた。ちなみに与那国島の田里さんも石嶺さんに紹介していただいた方だ。

保管庫と明言していたのに

話を宮古島での現地取材に戻す。

フェンス越しに宮古島駐屯地を見ると、巨大な盛り土が視界に飛び込んできた。実はこれが大きな問題になっていた。

宮古島駐屯地は、島中央部の千代田カントリークラブ跡地に17年11月に着工された。当初は反対していた周辺の三つの自治体も、順次、事実上の容認に回った。説明会を３度にわたって開催した沖縄防衛局が、そのたびに同じ説明を繰り返したからだ。

「弾薬庫はつくらない。小銃などの小火器を入れる保管庫を置くだけです」

宮古島では忌まわしい事故があった。太平洋戦争中の44年2月、島南東部の保良（ぼら）地区にあった旧日本軍の弾薬庫付近で、木箱に詰められていた手榴弾がいっせいに爆発。爆薬の入った木箱を運搬していた日本兵だけでなく、近くにいた幼い子どもたちも犠牲になった。

説明会では沖縄防衛局から駐屯地の施設整備概要図も示され、４ｍ四方の大きさの保管庫が二つ並ぶ形で記されていた。

しかし、工事が進むにつれて違和感を指摘する声があいついだ。保管庫の一つがあまりにも大きい。清水さんも、沖縄本島や韓国のアメリカ軍基地でフェンス越しに見た弾薬庫の記憶を蘇（よみがえ）らせ、保管庫ではなく弾薬庫ではないか、と疑いはじめたという。かつて見た弾薬庫は、爆発した場合に備えて巨大な盛り土で覆われていた。

清水さんたちは独自のルートで設計図を入手した。４ｍ四方の保管庫の隣に、54ｍ×53ｍの巨大な建物が記されている。面積は実に１８０倍だ。沖縄防衛局の説明とは明らかに異なっていた。

そして宮古島駐屯地の敷地内にも巨大な盛り土が姿を現した（写真4-4）。疑惑を確信に変えた清水さんは、ヒアリングなどで何度も追及した。そのたびに保管庫だと繰り返され、話し合いは平行線をたどったまま19年3月26日の発足式を迎えたのだった。

この問題を当初から粘り強く追っていた清水さんは、発足式の日、駐屯地の門番の横にいた沖縄防衛局の広報担当者に「住民説明会では『保管庫で弾薬は入れていない』と言っていたが、こんもり盛り上がっている古墳状のものは弾薬庫なのではないんですか」と尋ねた。

取材に対応した防衛局の広報担当者はあっさりと弾薬庫だと認めた。

「小さい方は保管庫だが、もう一つは誘導弾などの弾薬を詰め盛り土をした弾薬庫です」

驚いた清水さんはそこからすぐに私に電話を入れてきた。

「望月さん、驚いたことにいま防衛局があっさり、やはり古墳状のものは保管庫ではなく、弾薬庫だと認めました!」

写真4-4　宮古島駐屯地の盛り土。保管庫と説明されていたが、実は弾薬庫だった（提供　清水早子さん）

謝罪に追い込まれた防衛相

清水さんの電話が入ってから、清水さんがこれまで集めた弾薬庫に関する資料や動画、写真などをもとに、彼女をはじめ宮古島にいる人々、そして沖縄防衛局と防衛省幹部に取材を重ねた。沖縄防衛局の広報が住民に言った「小さい方は保管庫だが、もう一つは弾薬庫で、すでにミサイルも配備しています」との発言の裏を取った私は、宮古島で話を聞いた方々へあらためて連絡を入れた。

受話器の向こうから、清水さんが憤る様子が伝わってきた。

「事実を隠し、虚偽の説明を続けた防衛省は許せない。弾薬庫のすぐ近くには給油所があり、100mほど離れた場所には民家もある。非常に危険です」

石嶺さんは過去の歴史から何も学んでいないと指摘した。

「防衛省は『住民を守る』と言いながら、実際には安心して生活できない環境を押しつけています。先の沖縄戦の記憶からも、弾薬庫が真っ先に攻撃されるのは明らかです。この島が再び標的になりかねません」

なかには「防衛省は島民にうそをつき続けた」と厳しく糾弾する声もあれば、「政府がやっているのは、いじめそのものだ」と非難する声もあった。

一連の経緯を、19年4月1日の東京新聞の朝刊一面で大きく掲載した。

「宮古島の陸上自衛隊駐屯地に『弾薬庫』　島民には『保管庫』と説明　防衛省『説明不十分だった』」

報道が出た直後の4月2日、岩屋毅（いわやたけし）防衛相が記者会見で謝罪。その後、住民に言わないまま、密(ひそ)かに運び入れていた弾薬庫内の迫撃砲や中距離多目的ミサイルを島外へ運び出すように指示したと明かした。岩屋氏はさらに宮古島を訪れ、下地市長や周辺自治体の代表者にも謝罪した。

もっとも、岩屋氏も「説明が不十分だった」や「今後は丁寧な説明にしたい」と繰り返し、うそをついていたとは認めていない。

弾薬がなければ、配備が予定されている最大８００人規模のミサイル部隊は絵に描いた餅(もち)になる。防衛省は駐屯地から南東へ約15㎞離れた保良地区の採石場を用地として取得した。かつて旧日本軍の弾薬庫が置かれた場所だ。弾薬の島外撤去から半年後の19年10月から、３棟の弾薬庫を備えた新たな訓練場を建設しはじめた。

保良地区ならいいのかといえばまったくそんなことはない。住民が暮らす集落が隣接しているからだ。このときも自然災害や事故、有事の際の住民の安全確保に対する説明がほとんどないまま、建設が進められた。一部が完成した21年6月ごろから地対空ミサイルや地対艦ミサイルなどの弾薬がなし崩し的に運び込まれている。

自衛隊は全国に約１４００棟の弾薬庫をもち、その約７割が北海道に集中していた。日本経済新聞は23年1月に、防衛省が新たに70棟を新設した上で、備蓄されている弾薬を設置する計画を進めていると報じている。

人口約5万5000人の宮古島で行われている弾薬の移動も、政府が強引に進めるこの計画の一環なのだろう。

アメリカの国防戦略と一致する自衛隊の配備

改めて沖縄県内の防衛設備の状況を確認しておきたい。

沖縄県内の防衛施設の面積を比較すれば、沖縄が日本に復帰した72年5月の段階でアメリカ軍専用施設が約2万7893ヘクタール、自衛隊施設が約166ヘクタールだった。これが23年3月には、前者が約33・5%減の約1万8453ヘクタールなのに対して、後者は約811ヘクタールと約4・9倍拡大している。

在沖縄アメリカ軍基地の返還が進められ、一方で南西諸島に次々と自衛隊の駐屯地が開設される。自衛隊基地が一気に強化されてきた数字を前にして、私はオフショア・コントロールという言葉を思い出さずにはいられない。

オフショア・コントロールとは、トーマス・ハメス氏が12年に提唱した新たな国防戦略で、今でもアメリカの安全保障戦略の中核に重要な要素として位置づけられているものの一つだ。具体的には東アジアで中国との緊張が高まった場合に、地政学上の利点を活かして中国の海上を封鎖、その上で経済的な消耗戦にもち込み、全面的な武力衝突を回避するというものだ

（図4‐5）。提唱したハメス氏はアメリカ国防大学の教授でかつて海兵隊の大佐だった。

戦略構想を具現化させるために、ハメス氏は同盟国の軍備のさらなる強化と、海上を封鎖するテクニックの早急な確立などを求めた。

中国の脅威が増していた状況下で、アメリカはアジアにおける安全保障政策の最優先事項を、イラクとアフガニスタンから東アジアへシフトした。イラクとアフガニスタンでは、アメリカの軍事的なコミットメントが実質的に終了していた。

東アジアで主力となるのは、イラクやアフガニスタンで主力を担った陸軍と海兵連隊ではなく、海軍と空軍だ。その考えのもと、アメリカ国防総省は宇宙やサイバー空間を含めたあらゆる領域で、海軍と空軍の戦力を統合させる軍事作戦を打ち出そうとした。エアシー・バトル構想と呼ばれるが、実際に中国と武力衝突した場合は長期化が避けられない。軍事予算の削減が待ったなしだったアメリカは最適解を見つけられない状態が続いた。

そのため、在沖縄アメリカ軍の増強ではなく、自衛隊との連携を深めるオフショア・コントロールが有効になる状況が整っていたといえる。実際、13年4月にはハメス氏が来日し、防衛省の幹部らと会談を重ねている。

ほぼ同じタイミングで防衛計画の大綱、そして中期防衛力整備計画に南西シフトが打ち出され、宮古島に約８００人、石垣島と奄美大島にそれぞれ約６００人の陸上自衛隊員を配備

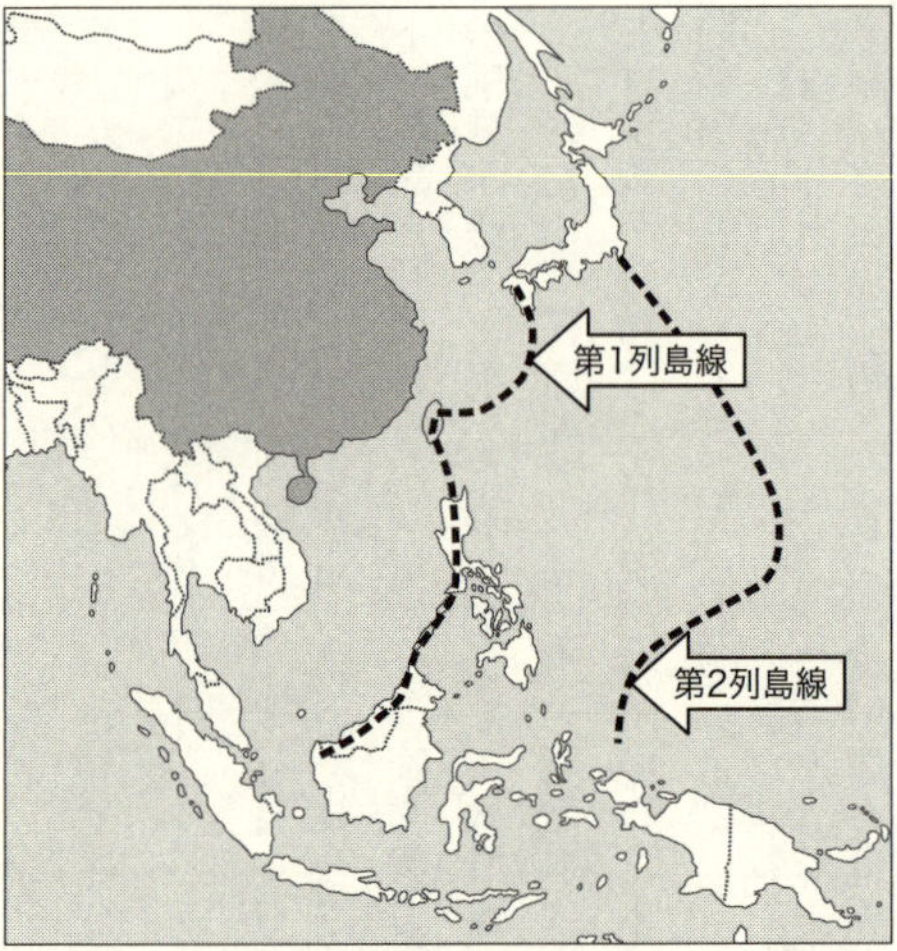

第1列島線
第2列島線

図４－５　「オフショア・コントロール」と題されたハメスの論文には「中国は経済成長の維持のために海上貿易に依存しており、この地域へのアクセスを制限する『第１列島線』により不利な立場にある」などと記されている（出典　ハメス「Offshore Control: A Proposed Strategy」）

する方針が決まったのだ。この章の冒頭でも記したように、もっとも台湾に近い最西端の与那国島にも１６０人の沿岸監視隊が配備された。

アメリカの新たな国防戦略と自衛隊の南西シフトが打ち出されたタイミングの一致――この事実に思い至るとき、私は２０１６年に取材した一人を思い出す。

ちょうど経済部で日本の武器輸出を追っていたころだ。普段電話をかけてもなかなか接触ができない防衛企業幹部が軒並み集まる年に一度の行事がある。それが公益財団法人日本国防協会が主催する賀詞交換会だった。日本国防協会は、元陸上幕僚長や元航空幕僚長など、防衛省の大幹部や国会議員などが役員に名を連ねる団体で、国防思想の普及に努めることを目的に設立されている。

　賀詞交換会は記者も自由に入れるが、取材というより顔合わせ、挨拶の意味合いが強い。挨拶をしながら防衛産業の話をしていると、相手から「これ、取材じゃないよね？」などと念押しされるので、表向きは「挨拶」という体をとってはいたが、もちろん、そのためだけに行くつもりはまったくなかった。

　年が明けたばかりでアルコールも入っているとあって、普段は取りつく島もない防衛省や三菱重工業、川崎重工業などの軍需産業の幹部にも接近しやすいのが賀詞交換会だ。背広にネクタイ姿の年配男性が集う都内のホテルの大宴会場へ飛び込んだ。

　たまたまと言っては語弊があるが、その時にハメス氏が来日した当時の防衛事務次官だった西正典（にしまさのり）氏の姿があった。15年10月に退官した後は防衛大臣政策参与を務めている。タイミングを見計らって近づき、笑みを浮かべながら「防衛事務次官、おつかれさまでした」と挨拶代わりに名刺を差し出しながら、オフショア・コントロールについて直撃した。

「日本を守るためと言っていますけれども、実はハメス氏の戦略に乗っかる形で自衛隊員をどんどん南西諸島に配備して、いざ有事が起これば結局は自衛隊員やその家族、そして島民の方々が犠牲になるだけなのではないでしょうか」

　温厚な対応で知られていた西氏は、最初のうちは笑みを絶やさなかった。しかし、表情がどんどんこわばり、ついには怒鳴られてしまった。

「何を言っているんだ！　トーマス・ハメスなんて関係ない。これはね、これは、日本の国益のためにやっているんだ！」

その場から離れていく西氏を私は追いかけると、再びこう言われた。

「もういい！」

さすがにそれ以上、質問できなかった。古い話になったが、温厚で人当たりがいいと評判の西氏があれだけ激高したのは、アメリカの圧力に忸怩(じくじ)たるものがあったからではないかといまでも思っている。

進む基地の共同使用

東アジアの安全保障環境に対応するように、アメリカ軍も20年以降、新たな部隊の創設を進めている。

海兵連隊を、離島での有事に即応する小規模部隊と、海兵沿岸連隊（ＭＬＲ）に改編していくものだ。

従来の海兵連隊が約３４００人で編制されていたのに対して、海兵沿岸連隊は１８００～２０００人。規模を小さくして機動力をより高める狙いは、アメリカ軍が進めている新たな軍事コンセプト、遠征前進基地作戦と一致する。

この作戦では、敵国の脅威がおよぶ圏内に上着陸して迅速に遠征前進基地を設置。そこを拠点にさまざまな軍事活動や後方支援活動を展開し、短時間で任務を終えるや次の遠征前進基地へ移動する。生命が脅かされるリスクも高いため、海兵連隊の家族が海兵沿岸連隊編入に反対するケースも多い。

沖縄に所在する海兵沿岸連隊は、南西諸島の離島や島嶼部での展開が任務となる。中国の脅威に対抗するもので、必然的に与那国島や宮古島、石垣島に開設されている陸上自衛隊の各駐屯地の後方支援が欠かせなくなる。

第三章で記した船橋洋一氏（朝日新聞ＯＢ）の「アメリカ軍と自衛隊による基地の共同使用」の提言が早くも具現化される可能性がある。

基地の共同使用に関しては21年1月に、共同通信と沖縄タイムスの合同取材という形で永田町を驚かせるスクープが報じられている。

埋め立て工事が進められているアメリカ海兵連隊の辺野古新基地に、陸上自衛隊の離島防衛隊、水陸機動団が常駐することが、15年の段階ですでに合意に達していたという。離党防衛隊は日本版海兵連隊とも呼ばれる。

報じられた当日の定例会見で加藤勝信内閣官房長官は、国家安全保障会議（NSC）も承認していないとして即座に否定した。

合同取材してここまで大きく報じたのに誤報するわけがないと思った私は、NSCの関係者に取材してみた。返ってきたのは、「合意しているのではなく、その時点で実質的に保留状態になっている」とのことだった。

理由として一人の関係者は次のように語っている。

「ただでさえ辺野古の新基地に対して激しい反対運動が展開されている状況で、NSCが日米の共同使用を承認してしまえば、辺野古そのものがもたなくなる」

裏を返せば慎重に慎重を重ねながら、極秘裏に進めてきたことを認めているのだ。日本国内に存在する基地の共同使用については、すでに在日アメリカ軍と自衛隊との間でコンセンサスが得られていると見ていいだろう。

シンクタンクの正体は

岸田文雄首相とバイデン大統領の会談が行われる直前の23年1月9日、アメリカのシンクタンク「戦略国際問題研究所（CSIS）」が、26年に中国軍が台湾への上陸作戦を実行すると想定し、独自に行った24通りものシミュレーション結果を公表している。

報告書では日本と中国、台湾、そしてアメリカ軍の死者数や撃墜される戦闘機、撃沈される艦船の数などの損失がリアルに算出されていた。24通りのシナリオのうち23通りで、中国は台湾制圧に失敗すると結論づけられていた。

では、中国が唯一制圧に成功するのはどんな場合なのか。

報告書では「アメリカ軍による国内基地の使用を、日本政府が容認しなかった場合」とシミュレーションしている。シンクタンクを通じて基地の共同使用を促されているのだ。共同使用をアメリカ側から強く要望されたと見ていい。

この報告書の出る４日前の１月５日には、西村康稔経産相がＣＳＩＳにてスピーチをしている。麻生太郎副総裁などの自民党幹部もしばしばＣＳＩＳでスピーチを行っているほか、小泉進次郎氏が議員になる前に非常勤研究員として勤めていたこともある。他にも防衛省や公安調査庁、内閣官房、内閣情報調査室などで将来を嘱望される若手官僚や政治家候補が数多く出向している。

もう一つ気になったことがある。その報告書にある、台湾有事においてリスクを分散させるべきだという提言だ。具体的には民間空港の軍事利用であり、理由として在日アメリカ軍基地も自衛隊基地も中国の標的になる可能性が高いと記されている。しかし、実行に移されれば今度は民間人が負うリスクが一気に高まるだろう。負の連鎖というしかない。

急速に変化する日本の安全保障環境の背後には、このようにアメリカの意向も見え隠れする。アメリカの意向次第で、日本が再び戦争に巻き込まれる可能性も否定できない。

にもかかわらず、岸田首相は訪米中の24年4月11日、アメリカ議会の上下両院合同会議で臨んだ演説のなかでこんな一節を残している。

「世界はアメリカのリーダーシップを当てにしていますが、アメリカは助けもなく、たった一人で国際秩序を守ることを強いられる理由はありません。(中略) 日本はすでにアメリカと肩を組んで、ともに立ち上がっています。アメリカは一人ではありません。日本はアメリカとともにあります」

特に力が込められた「ともにあります」に、一体どのような意味が込められて、アメリカや世界はどのように受け取ったのか。

民放テレビ局の重鎮で保守系の元解説委員の日本人男性は岸田首相の話を聞き、驚いた様子で私にこう話した。

「安倍さんや菅さんでさえ言わないような言葉を平気で岸田首相が言い放ったのに驚いた。あの最後のセンテンスは、ようは『BOOTS ON THE GROUND』、一緒に世界の果てまでいって血を流しますよ、そういうメッセージを込めた演説だった。正直、一線を越えていると思った」

国会での議論はもちろん、日本国内のコンセンサスも何もないまま、さらなるリスクを喜んで背負い込んだとしか私には思えなかった。軍事要塞化が進む南西諸島で暮らす人々は少しずつ強まる不穏な空気を感じている。その状況は、遠く離れた永田町の人間たちが加速させている。

第五章

瀬戸際のアカデミア

現れた秘書官

学者の国会と呼ばれる「日本学術会議」が、岸田政権の干渉に大きく揺れていた。22年12月21日、日本学術会議の講堂で開かれていた総会に、内閣府の幹部が現れた。政府の方針を説明するためだという。

私はその幹部が退室するのを待ち、出てくると質問をぶつけた。

「菅さんが内閣官房長官のときに、秘書官を務めていらっしゃいましたよね」

日本学術会議を所管する内閣府の大臣官房で、総合政策推進室長として改革を進めていた笹川武（ささがわたけし）氏だ。

大臣官房とは、内閣府の政策の企画・立案過程や、法令案の作成等で、各省の進むべき方向を明らかにする「舵取り役」を担う。総務省のキャリア官僚だが、菅氏が総務相時代に気に入られ、その後、菅氏が官房長官になった際に秘書官として引き抜かれ、長く仕えていた。そうしたこともあり、総務省の政策に関しては笹川氏が、官邸と総務省とのパイプ役を担っていた。

ちなみに、秘書官としての活躍が認められるとだいたい各省庁に戻ってからも出世し、事務方トップになる人もいるため、事務次官や幹部への登竜門のようなところもある。

「菅さんは首相になってすぐに、日本学術会議の会員候補者6人の任命を拒否しただけでなく、その後も『日本学術会議には問題がある』『いかがなものか』などと言い続けていました。菅さんを間近で見ていた、深いつながりのある者として――」

このように切り出した後、一番聞きたかった言葉をぶつけた。

「いまやられていることは、菅前首相の意向なのでしょうか」

笹川氏はそっけなく、

「関係ありません」

と返しただけだったが、相手の表情が小刻みに動いたのがわかった。

笹川氏は、菅氏の秘書官だったこともあり、私が菅氏に会見で何度も疑問をぶつけていたのを見てきており、私の性格や質問をよく知っている一人だ。会見が終わると秘書官は菅氏の後を追っかけていくため、私が秘書官と話すことはできない。直接言葉を交わしたことはなかったが、菅氏の学術会議での任命拒否問題をはじめ、菅氏側の意向というのを十分知った上で、官僚としてひたすら動いているという印象だった。

日本学術会議といってもなじみのない方や、一部の報道によって間違ったイメージを持たれている方もいるかもしれないので、ここに記しておきたい。

日本学術会議は大学や研究機関を横断した日本の科学者、研究者を代表する機関で、内閣府の特別機関だ。２１０名の会員と、約２０００人の連携会員で構成される。会員になるのは簡単ではなく、優れた研究・業績がある研究者から任命される。会員の任期は6年で、３年ごとに半数が改選される。

科学の向上をはかり、行政、産業及び国民生活に科学を反映浸透させることを目的としている。経費は国の予算だが、活動は政府から独立して行われる。いってみれば科学者の国会ともいえる機関だ。

日本学術会議は、太平洋戦争で軍事に科学技術の研究を利用された負の歴史をふまえ、「戦争を目的とする科学の研究には絶対従わない」とする声明を１９５０年に、「軍事目的のための科学研究は行わない」とする声明を67年に発表している。この二度の声明が学術会議の基本的な姿勢として現在まで引き継がれている。

現在の会長は光石衛（みついしまもる）氏。会員の選考は、現在の会員・連携会員が候補者を推薦し、日本学術会議自らが選考するという方式だ。これにより会の独立性を担保していた。

岸田政権はこの選考を問題視し、日本学術会議法の改正案をまとめて、翌23年の通常国会に法案を提出する準備を進めていた（図５‐１）。具体的には、互助的に選ばれていた新会員の選考を、第三者で構成される選考諮問委員会を設置して行う。推薦にいたる過程をチェックさせるためという。

	現状	法人化後
組織形態	国の特別機関	法人
会員の任命	首相	なし
会員の選考	現会員が候補者を推薦	現会員の候補者推薦に加え、投票制度や選考助言委員会などを導入
会員数	210人	250〜300人
財政	国が経費負担(10億円程度)	同程度で支援。外部資金の獲得についても努力
監事	なし	首相の任命により新設され、財務状況を確認

図5－1　日本学術会議の法人化後の主な変更点

改正案で学術会議の独立性は保たれるのか。総会でも「第三者委員会を構成するメンバーの透明性を確保できるのか」や「研究機関の改革なのに、研究者がいっさい関わらないまま、内閣府と自民党のプロジェクトチームだけで改正案がまとめられた」などといった意見が続出していた。

笹川氏はぶら下がり取材のなかで、何度も「プロジェクトチームが——」と繰り返している。プロジェクトチームとは、自民党の議員で構成された集まりで、座長は元文部科学大臣の塩谷立（しおのやりゅう）衆議院議員、事務局長は元財務副大臣の大塚拓（おおつかたく）衆議院議員が務める。笹川氏としては、改正案を導いたのはプロジェクトチームですよ、と強調したいのだろう。

私は額面通りには受け取らなかった。これまでの取材を通して、実際に中心を担っていたのは学術会議を所管する内閣府の笹川氏だったと確信を持っていたからだ。

菅氏は首相に就任した直後に「任命拒否」を行った。学術会議側から提出された会員候補者の推薦者名簿に記されていた105人のうち、6人の任命を拒否した一件だ。歴代の首相は推薦された全員を形式的に任命してきたが、その慣例が覆された初めての事例となった。

その理由を問う声にこう繰り返した。

「学術会議の総合的、俯瞰的な活動を確保する観点から判断した」

何か言っているようで何も言っていない内容だ。拒否の理由について、当該の研究者が安倍政権下で成立した安全保障関連法や特定秘密保護法をめぐって批判的な発言をしたという共通点を指摘するメディアも多かった。

そして首相は菅氏から岸田氏に代わったが、今もなお任命拒否は撤回されておらず、具体的な理由も語られないままだ。

当時の騒動を取材したメディアの一人として、今なお菅氏と深いつながりがあると思われる笹川氏へ、政府が創設しようとしている第三者委員会と菅氏との関係を質したかった。

89年に総務庁（当時）へ入庁した笹川氏は、中央省庁が再編された01年に内閣府へ移った。以後は大臣官房などでさまざまな役職を務め、官房長官だった菅氏の秘書官を務めていた19

年7月には大臣官房審議官となった。

内閣府は旧総理府や経済企画庁などが再編されてできたが、旧総務庁出身者としては出世コースを歩んできたといわれている。その笹川氏と菅氏との関係はどうなのか。菅氏といえば、小泉政権で総務副大臣を、第一次安倍政権では総務大臣を務めていた。

ある元総務官僚幹部はこう語ってくれた。

「そのときに接点をもった菅さんに、かなり取り入ったと聞いている。日本学術会議に対しても、ドライで上から目線の対応に終始してきた。太平洋戦争時に多くの科学者を核兵器の開発や殺傷兵器の開発に動員してきたことへの歴史的反省と、アカデミアに対する畏敬(いけい)の念はない。というよりも菅さんに気に入られ、官邸の『代弁者』となることで、官僚として出世したいだけなのだろう。菅氏は首相を辞めてひさしいが、いまも官僚たちを操る実力者だ。コロナ禍での地方自治体の抵抗を受け、有事には、官邸の言うことを地方が聞くよう、地方自治法を改正したいというのは菅氏の悲願だったとも聞く。いくつかの法案は見送りになったが、グリーンエネルギー関連など菅氏の息のかかった法案は、強引に押しきられている」

学術会議を改革したい理由

最終的に、岸田政権は日本学術会議法の改正法案を23年春の通常国会へ提出するのを見送った。安倍氏の国葬以降、各社の世論調査では「政権を支持しない」が「支持する」を上回る状況が常態化していたため、タイミング的にも得策ではないと一時的に引っ込めたのだ。

案の定、政府は夏になると「日本学術会議の在り方に関する有識者懇談会」をスタート、約4か月の間に14回にわたって開催した。

内閣府のホームページによると、その趣旨は、日本学術会議が、学術の進歩に寄与し、国民から理解され信頼される存在であり続けるという観点から、「経済財政運営と改革の基本方針2023」（23年6月16日閣議決定）を踏まえ、日本学術会議に求められる機能と、それにふさわしい組織形態の在り方について検討するために設置したのだという。

メンバーは、相原道子氏（横浜市立大学名誉教授、学長室顧問）、五十嵐仁一氏（日本工学アカデミー理事・副会長）、上山隆大氏（内閣府総合科学技術・イノベーション会議議員）、岸輝雄氏（元日本学術会議副会長）、佐々木泰子氏（お茶の水女子大学長）、永井良三氏（自治医科大学長）、永田恭介氏（国立大学協会会長）らだ。

同懇談会は「国とは別の法人格を有する組織にするのが望ましい」とする中間報告をまとめ、その後内閣府は「日本学術会議の法人化へ向けて」と題した方針を決定している。

本章の冒頭にも記したように、当初の改正案は、学術会議内に第三者委員会を設置するというもので、自民党の最大派閥だった清和政策研究会、すなわち安倍派の座長を務めた塩谷立氏が強く主張していた。

しかし有識者懇談会では、第三者委員会は自民党側にとっては妥協案であり、学術会議側が拒むのであれば法人化を進めていくしかないと、さらに強硬な議論が展開されたのだ。政府の内部に、政府の方向性を批判するような組織を抱えていることに対して、「お荷物だ」という意見が政権与党である自民党には根強い。

学術会議が法人化するとどうなるのか。

日本のアカデミーは、法人化に対して慎重にならざるを得ない苦い現実がある。

2004年、国立大学が法人化された。当初、法人化することについて、さまざまなメリットが強調されていた。予算や組織面での自由度が大きくなる、学生のニーズを踏まえながら履修方法の工夫を行うことができる、第三者機関から定期的な評価を受けることができて授業が改善されるなどなど……。

実際はどうだったのか。各大学に経営協議会なるものが設立され、委員には大学がなんたるかを理解しているとは思えない財界人やメディア人が多く入るようになった。そして「稼げる大学」になることばかりが求められるようになった。

大学の法人化とあわせて、運営費交付金を文科省が削ってきた結果、非正規職員が増え、教授陣も年間のスケジュールや他の教授職、教員への評価に忙殺されており、本来の自身の

順位	国・地域	論文数	シェア(%)
1	中国	541,425	26.9
2	アメリカ	301,822	15.0
3	インド	85,061	4.2
4	ドイツ	74,456	3.7
5	**日本**	**72,241**	**3.6**
6	イギリス	68,041	3.4
7	イタリア	61,124	3.0
8	韓国	59,051	2.9
9	フランス	46,801	2.3
10	スペイン	46,006	2.3
11	カナダ	45,818	2.3
12	ブラジル	45,441	2.3
13	オーストラリア	42,583	2.1
14	イラン	38,558	1.9
15	ロシア	33,639	1.7
16	トルコ	33,168	1.6
17	ポーランド	27,978	1.4
18	台湾	23,811	1.2
19	オランダ	23,144	1.1
20	スイス	16,723	0.8

図5-2　科学技術指標2024による論文数（出典　文科省科学技術・学術政策研究所）

研究に集中できないような状況が続いている。

　では、学術会議は法人化することによってどうなるのか。

　23年7月、学術会議は、国立大学の法人化の流れと同様に政府の意に沿った団体に変えられていくのではないか、との組織・制度上のいくつもの懸念を指摘した。

　日本の研究力の低下は、さまざまな指標からも明らかだ。たとえば、「科学技術指標2023」によると、1年当たりの論文数は図5-2に示す通り、中国がトップで、アメリカ、インドと続き、日本は5位となっている。

　また、他の論文に多く引用される「注目度の高い論文」は、国の研究成果のレベルを判断する一つの目安とされるが、引用数が極めて多い「トップ1%論文」の論文は図5－3の通りで、日本は韓国に抜かれて前年の10位から12位に後退している。

よりよい研究を行うには、研究者たちが「財界のため」「経済のため」という枠組みに囚(とら)われるのではなく、より自由で創造性に満ちた研究に没頭できるような環境が必要なのではないか。私にはそうした自由度が失われていっているように思える。

順位	国・地域	論文数	シェア(%)
1	中国	6,582	32.7
2	アメリカ	4,070	20.2
3	イギリス	1,031	5.1
4	ドイツ	717	3.6
5	イタリア	561	2.8
6	インド	560	2.8
7	オーストラリア	555	2.8
8	カナダ	480	2.4
9	フランス	379	1.9
10	韓国	354	1.8
11	スペイン	351	1.7
12	**日本**	**311**	**1.5**
13	オランダ	300	1.5
14	イラン	295	1.5
15	スイス	227	1.1
16	シンガポール	207	1.0
17	サウジアラビア	199	1.0
18	トルコ	170	0.8
19	パキスタン	157	0.8
20	スウェーデン	150	0.7

図5－3　トップ1％論文（出典　図5－1と同）

学術会議のも国立大と同じような流れをたどるのではないか。法人化や民営化を進めれば、国は助成金の割合を低下させられるし、いまのように「軍事技術の研究はノーだ」と突きつけられても、「民営化した一アカデミアの主張だ」と受け流せるようになる。学術会議が、どのような提言や助言をしても、簡単に突っぱねられる環境を整えたいのだろう。

法人化という結論ありきの話し合いのなかで、なし崩し的に具体的な概要が詰められていく。もちろん完全な法人ではないだろう。政府が幹部人事に関与し、実質的に政府の支配下に置かれる形が提案されると私は考えている。

学術会議の第17、18期会長の吉川弘之（よしかわひろゆき）氏は、23年7月、学術会議の会見の前に次のようなメッセージを寄せている。

「政府の法人化案は、（中略）運営のあれこれの形に重点を置いて、科学者のあり方という基本に触れていないことが危惧される。（中略）どうして政府は、学者の集まりという大きな知恵袋を使いながら現代の問題に対するという当たり前の形が取れないのか不思議です。各種審議会や総合科学技術・イノベーション会議などのローカルの議論を大事にするのに、学問という世界共通の知識を生み続けている者たちの、日本での代表である日本学術会議の役割を認識できないのはなぜか、理解できません。もちろんそのためには、日本学術会議自身が、会員の意識も含めて、そのことを理解し、使命感を持つことが必要でしょう」

塩谷氏は裏金問題で責任を問われ、離党勧告を受けて24年4月に離党した。しかし、事務方である内閣府の責任ある立場として、学術会議の改革を推し進めてきた笹川氏は健在だ。

菅氏の秘書官を退任した後、21年4月に総合政策推進室の副室長に就任。その後、室長に昇進して学術会議の改革を主導している。

学術の成果は人類共有の財産、軍事研究とは正反対

政府のこうした強硬な振る舞いに対して、研究者たちの側や市民も黙っていたわけではない。

22年末から翌23年4月にかけて、選考諮問委員会の設置へ前のめりになっていた岸田政権に対して、国内外からさまざまな批判が寄せられた。

日本学術会議の会長を97～20年の間に務めた5氏は連名で「岸田首相に対して日本学術会議の独立性および自主性の尊重と擁護を求める声明」を発表。そのうち黒川清、広渡清吾、大西隆、山極壽一の4氏が記者会見を行うというので、私も取材に行った。23年2月のことだ。

報道特集のリポーターをしていた金平茂紀さんはじめ、各新聞社のベテラン編集委員やフリーランスなど、この問題に関心がある記者たちが60～70人ほどは集まっていただろうか。会場は元会長たちの危機感と共に記者たちの真剣な眼差しに溢れていた。

質疑応答ではすかさず手を挙げて質問した。私の悪い癖で時間が3分を超えてしまい、

「長くなって恐縮です」と断りを入れながら、4氏へこんな質問を投げかけた。

「政府は6人の任命拒否を正当化する法案を出そうとしています。これは岸田首相の意思というよりも、安倍・菅政権から引き継がれてきた大きな国家観、要は戦争のできる国、集団的自衛権を行使できる国、安全保障や軍事研究ができる国にしていく、という強い意志の表れだと思っています。

昨年末の安保三文書の改定に続いて、軍事研究や安全保障研究にすべての研究者を向かわせたい。そのために大きな影響力をもつ日本学術会議を変えていきたい、という思惑があると思っています。この流れをどのように思いますでしょうか。また、これが通されてしまった場合、日本学術会議はどうなるのか。執行部が総退陣するのではないか、という指摘もされていますが、どのように抗うのでしょうか」

自分の思いも込めたため誘導質問的になっており、また複数の問いがちりばめられた私の質問に苦笑いを浮かべながら、4氏はしっかりと答えてくれた。そのなかで東京大学の名誉教授で、ドイツ法や比較法、法社会学を専門とする広渡氏の回答を記しておきたい。

「科学者を全員ひとまとめにして政府の役に立つ集団にしたい、というのが間違いだと私たちは言っている。政府と一緒に活動する科学者も大勢いるけれども、日本学術会議はそうではない使命のもとで戦後につくられた組織であり、国費をかけて学術的かつ独立した見地から政府にアドバイスをするためにつくられた。

学術に秘密はなく、成果は人類共有の財産です。しかし、軍事研究は違う側面をもっている。だからこそ、軍事研究はそれなりの注意を払わなければ学術全体を侵食する。どの国でも一緒くたにしてはいけないという議論をしている。

しかし、学術会議が学者的な見地から出したアドバイス自体を、政府がけしからんと言いはじめたら、これは世界の原則に反する。世界中の笑いものになる。これだけは避けなければならない」

海外は日本とは違い独立したアカデミアが多いが、独立しているからといって政府が、アカデミアのいうことを聞かないわけではない。アメリカでは、日本の10倍以上の予算を費やして、アカデミアに対してさまざまな研究を委託している。かつ、今後、トランプ氏が大統領になると教育省の解体も含め、アカデミアに対してもどんなことが起きるかは予測不能だが、これまで歴代政権下ではホワイトハウスにとってどんなに耳の痛い提言であっても、真摯に指摘を受け入れるという土台ができていた。一方、日本では内閣府の中に設置している現在でさえ、アカデミアの提言を真摯に受け入れようとしない。

山極元総長との邂逅

学術会議は、研究者たちが先の戦争に加担した反省の上に立ち、戦後まもない1949年に設立された。政府とは独立した立場で、研究者の代表として議論を行ってきた。時の与党自民党による解体や民営化推進などの攻撃にたびたびあってきたが、第二次安倍政権から菅政権の間にその流れは特に強まっていったように思う。

一般にはあまり知られていなかったその存在がクローズアップされたのは2017年のことだ。15年度に防衛省が創設した軍事への応用が可能な研究に対する国の助成制度「安全保障技術研究推進制度」に対して学術会議は「待った」をかけた。

強い危機感を示していたのが、当時の会長で京大の総長だった山極壽一氏だ。そのときのいきさつについては私の前著『武器輸出と日本企業』に詳しく記したのでぜひ読んでいただきたい。政府がメディアを巻き込んで学術会議を追い詰めていく様子を記している。先に記した6名の任命拒否もその流れの中で起きたことだった。

その山極氏は23年2月の会見にはオンライン参加だったが、後日一緒にさせてもらったラジオ番組で学術会議の任命拒否問題について話をしてくれた。

時の政府の意向によって学術の在り方がねじ曲げられてはいけないという強い危機感を表明しながら、同時に山極氏は「メディアと学術の関係性が弱すぎる」ということを指摘していた。

「政府が何をやったというお上の発信には、日本のメディアはとても熱心だが、学術会議がどういうことをやって、何を発信しているのか、ということへの関心が低すぎる。そういう関係性も見直していくことが必要だと思う」

確かに日本の記者クラブ制度の成り立ちから考えても、「お上至上主義」という発想が根付いてしまっているのかもしれない。よりよい社会に変えていくには、政府与党が何をするかという視点からの報道を脱却して、そうでない側から深掘りしていく視点を増やさなくては、と改めて感じた。

そのほか、16年にノーベル賞の医学・生理学賞を受賞した東京工業大学特別栄誉教授の大隅良典（おおすみよしのり）氏をはじめ、日本人研究者8人が「性急な法改正を再考し、学術会議との議論の場を重ねることを強く希望する」とした声明を連名で発表した。

さらに総勢61人を数える世界中の自然科学系のノーベル賞受賞者も、日本学術会議の梶田隆章（かじたたかあき）会長（当時）を通して「私たちは、8人の日本人科学者が表明した憂慮と希望を共有する」とした共同声明を発表した。

改正案提出をめぐる駆け引き

岸田政権下で提出されようとしていた日本学術会議法の改正案に対し、日本学術会議の総会は23年4月、政府に対し「改正案の国会提出をいったん思いとどまり、開かれた協議の場を設けるべきだ」などとする「勧告」を出した。勧告は、学術会議として示すもっとも強い意思表明だ。

総会後に記者会見に臨んだ梶田会長は、危機感をにじませながらこう語っている。

「日本の学術の終わりの始まりにならないように、私たちの考えをしっかり伝えたい」

学術会議を担当していた経済再生担当大臣の後藤茂之（ごとうしげゆき）氏もこの期間に、閣議後の記者会見などで何度もメディアに対応している。私もできる限り会見に出席し、自分で撮影した動画も添えて記事を書いた。

たとえば学術会議の歴代会長5氏が反対声明を出した直後には、後藤担当相は「歴代会長の指摘や懸念はしっかりと受け止める」とした上でこう語った。

「今回の見直しは学術会議の改革の成果を法律に取り込み、透明性を担保するもの。学術会議が国民から理解され、信頼される存在であるためには、透明性やガバナンスの機能強化を先延ばしにはできない」

日本人のノーベル賞受賞者ら、8人の研究者が共同声明を発表した直後には「国際的に評価される、素晴らしい業績をあげられた科学者の方々の見解としてしっかりと拝読させていただいている」と断りを入れながら、こう述べた。

「一方で学術会議の活動や運営の透明化などを図る必要がある。より一層、丁寧に説明して、十分に意見を聞きながら検討を進めていきたい」

私が取材した印象では、後藤氏からは質問のポイントをとらえて丁寧かつ一生懸命に答えようとする姿勢が伝わってきた。

正直なのだろうか、あるときこんな言葉を口走っている。

「軍事研究にシフトさせるために、第三者委員会を介して学術会議の独立性に手を入れる、といった趣旨はまったくない」

慌てぎみに答えた姿から、軍事研究を推し進めようとしていることが逆に透けて見える気がした。

その後、国会提出が見送られた背景として、一部のメディアは後藤担当相が岸田首相へ進言したと報じている。世界中のアカデミアが反対している状況で強行すれば、日本政府と科学者との間に修復不能な亀裂（きれつ）が入ると危惧したからだという。しかし、その後の推移を見れば、先に記したように国内外の世論を見た上での判断だったといわざるを得ない。

そして23年9月に実施された岸田政権の内閣改造で、後藤担当相は閣外へ去った。そのときにはもう、有識者懇談会がスタートしており、担当相は松村祥史参議院議員に引き継がれた。

ちなみに、直後の10月に迎えた会員の改選では20年と異なり、学術会議から推薦された１０５人全員が岸田首相によって任命されている。会長には、梶田氏に代わって光石衛氏が就任した。財源の確保や政府との関係など、いきなり難しい舵取りを迫られている。

政府の御用機関

実際に政府や内閣府は学術会議に関して、法人化された後の将来像をどのように描いているのだろうか。

Arc Times にゲストとして迎えたジャーナリストの青木理氏は22年12月の配信でこう語っている。ちょうど学術会議に第三者委員会を設置する改革案が、政府から示された直後のタイミングだ。

「日本学術会議は10年や20年、場合によっては１００年単位でものごとを考える。目先の利益にとらわれやすい政治や産業界と違い、長期間かつ広い視野で高度の専門知識を集めながら示すのが一つの役割だと考えれば、政府や産業界と問題意識や時間軸を共有した連携というのはまったくおかしな話だと思っている。

その意味で考えれば、いまの政府の感覚としては学術会議を有識者会議や諮問会議のような存在に変えたいのではないか。政府の方針に対して学術的なお墨付きを与えるような組織、はっきり言えば政府の御用学術機関をつくる。政府がこうだと言えば、それに合わせた情報やデータ、あるいは知見と称するものを出してくる。

本当に大丈夫なのか、といった見識をもつ人間が周囲にいる状況がものごとのバランスを取り、水が淀まない状況をつくり出す上で絶対に必要になる。政治はもっともそれが求められるわけで、そういった匂いがする存在を消し去りたい、という点ですごくチャイルディッシュな改正だという感じがしますよね」

青木氏の指摘に、私もただただうなずくしかなかった。

振り返れば菅氏は、首相として6人の任命を拒否した理由を問われたときに、学術会議の会員は10億円の予算が生じる公務員だと位置づけた上で、前述したように「総合的、俯瞰的な――」を繰り返した。

これを受けて地上波のテレビに出演していた著名なコメンテーターたちが、異口同音に「税金が使われているのだから、政府の指示に従うのは当たり前だ」と連呼したのは忘れられない。それに誘導されたのか、世論調査でも学術会議ではなく政府への支持が上回った。

当時の状況を青木氏に問うと、こんな言葉が返ってきた。

「政治や権力を客観的な目でチェックする独立的な組織の力が弱ったときに、社会がどれだけ悲惨な状況になるのか。いくところまでいかないとわからないのかもしれないけれども、われわれメディアを含めて、もう一度かみしめるべきだと思います」

あってもなくても同じ会議に

ところで、学術会議を所管している行政機関が、文部科学省ではなく内閣府となっているのはなぜなのか。

青木氏をゲストに迎えた翌月にArc Timesに来ていただいた元文部科学次官の前川喜平氏は歴史を丁寧に説明している。

「中央省庁が再編された01年より前は、総理府が学術会議を所管していました。今の内閣府と違って、総理府はほとんど力をもっていませんでした。なぜ文部省や文部科学省ではなかったのか。理由は学術行政から切り離すためです。政党政治のもとで行われる行政の支配のもとにおいてはいけない。その思想があったから文部省ではなくて、わざわざ関係のない総理府の下に置いたんです。

しかし、01年を境に総理府が内閣府という巨大官庁に化けました。そして内閣府には総合科学技術会議が設置され、現在は総合科学技術・イノベーション会議へ改組されて、学術会議のあり方を含めて、科学技術行政の総合調整役を担っている。科学技術イノベーションの目でしか学術を見ていない点に大きな問題があります。学術には真理を探究するといった、学問の世界の自律性がなければいけないからです。

だからこそ、学術会議は日本学術会議法で完全な独立性が保障されているわけです。内閣府のもとに置かれているのは、予算の面倒を見る程度の理由です」

日本学術会議の議論のときによく出てくるのが、前川さんの発言にも出ていた「総合科学技術・イノベーション会議」だ。前者が内閣府の直属機関であるのに対して、後者は政府独自のシンクタンクだ。前者がすべて研究者である210名の会員でより広範な分野の問題を議論するのに対して、後者は総理大臣、閣僚、有識者で構成され総勢で14人だ（図5-4）。

前身の総合科学技術会議は2001年に創設されたが、14年に総合科学技術・イノベーション会議と名前があらためられた。各省庁よりもさらに高い立場から日本の科学技術を俯瞰する、との目的が掲げられている。この会議の意向が、窓口を担う笹川氏に伝わったのだろう。

菅首相の任命拒否で、官邸による学術会議の人事への介入がクローズアップされたが、2016年の第二次安倍政権下でも会員候補に官邸が難色を示し、実現しなかったケースがあ

議長		石破 茂	内閣総理大臣
議員	閣僚	林 芳正	内閣官房長官
		城内 実	科学技術政策担当大臣
		村上 誠一郎	総務大臣
		加藤 勝信	財務大臣
		あべ 俊子	文部科学大臣
		武藤 容治	経済産業大臣
	有識者	上山 隆大（常勤議員）	元政策研究大学院大学教授・副学長
		伊藤 公平（非常勤議員）	慶應義塾長ほか。日本学術会議会員
		梶原 ゆみ子（非常勤議員）	シャープ株式会社社外取締役ほか
		佐藤 康博（非常勤議員）	株式会社みずほフィナンシャルグループ特別顧問
		篠原 弘道（非常勤議員）	日本電信電話株式会社（NTT）相談役ほか
		菅 裕明（非常勤議員）	東京大学大学院理学系研究科教授ほか。日本学術会議会員
		波多野 睦子（非常勤議員）	東京科学大学理事・副学長ほか
	関係機関の長	光石 衛（非常勤議員）	日本学術会議会長

図５－４　総合科学技術・イノベーション会議のメンバー

った。

　そして岸田政権のもとで、より強引に、より露骨に学術会議への介入が図られている。前川氏は「これでは学術会議が学術会議でなくなってしまう」と憤った。

「要するに菅首相による6人の任命拒否を正当化するために、法律そのものを変えてしまおうと。政権のコントロール下に置かれ、独立性が失われる学術会議になるのであれば、あってもなくても同じだと思いますよ。本当にそうなれば、心ある人たちや学術的な団体が集まって、民間の任意団体をつくるしかないんじゃないかと思います」

政府に実質的に支配される法人化を待つのでなく、アカデミアの尊厳を守るために、自分たちから行動を起こす未来も視野にいれるべきなのではないか。二者択一を迫った前川氏の提言がいま、現実味をおびつつある。

あの手この手での介入

アカデミアに迫る危機は学術会議だけにとどまらない。

前川氏は同じ配信のなかで「日本学術会議法と似たような構造をもつのは、実は国立大学法人法なんです」とも指摘していた。

「国立大学の学長は、大学側の申し出に基づいて文部科学大臣が任命します。大学内の学長選考会議で決められた候補がそのまま任命され、文部科学大臣に拒否権はありません。だからこそ大学の自治という原則が守られるわけですけど、学術会議の会員の任命について首相の裁量が利く、となると次はどうなってしまうのか。国立大学の学長任命にあたって、文部科学大臣が自分の裁量で行っていいとなりかねない。

戦時中には東京大学の総長を退役軍人が務めています。日本海軍の造船官として艦艇の設計に従事し、戦艦大和の設計にも指導や助言を行った平賀譲（ひらがゆずる）という方ですが、まさに政治利用という形で国立大学のトップが決まるような状況になれば、かなり危ないところまで来ていると言わざるをえなくなります」

この配信から約1年後、前川氏が危惧していた状況がまさに現実のものとなってしまった。23年12月、臨時国会に提出されていた「国立大学法人法の一部を改正する法律」が、閣議決定からわずか1か月半というスピードで参議院本会議にて可決、成立した。

改正案では大規模な国立大学法人に「運営方針会議」の設置を義務づけた。運営方針会議は、学長に加えて、外部の有識者を想定した3人以上の委員で構成される。

この運営方針会議に、大学の予算や決算だけでなく、6年ごとの中期計画なども決議させるようにした。しかも運営方針会議には大きな権限が与えられた。運営方針会議の決議に大学が従わない場合には、学長に運営改善を要求し、学長選挙にも意見できる。

これまで一連の決議を担ってきたのは、学長と、大学職員などで構成される役員会だ。その決議を運営方針会議にゆだねるという。つまり、学内だけでなく、外部の人の意見を取り入れた運営方針にするというわけだ。

運営方針会議の外部委員は、文部科学大臣の承認を得た上で学長が任命する形が取られるが、それでも外部による関与が強まり、大学の自治が損なわれる懸念が高まってくる。

改正案が閣議決定された直後、大学の自治が脅かされると意見を表明していた、「『稼げる大学』法の廃止を求める大学横断ネットワーク」が東京都内で開催した11月の記者会見を取材した。同ネットワークは大学教授や弁護士らが立ち上げたものだ。

　学術会議の改正に対しても反対の声をあげた、科学史に詳しい東京大学の隠岐さや香教授は大学のガバナンス崩壊がさまざまな弊害を招くと危惧している。隠岐さんは会見で次のように述べた。

「クリエイティブな研究をするためにはボトムアップが必要なのに、トップダウンで進められれば周回遅れになっていく。結果として軍事研究が時の政府によって後押しされていく可能性が高い」

　科学者が時の政府に都合よく使われてしまうと危機感を口にした。

お茶の水女子大の米田俊彦教授は「大学のガバナンスを外部から押しつけようとしている。これは民主国家ではない」と強く批判した。

　しかしながらこの改正法は、新聞やテレビも含め、報道の扱いは小さく、世論を喚起することはなかった。国会での審議は一応行われたが、あっという間に改正案は成立した。

　政府から指定された東北大学、東京大学、東海国立大学機構（岐阜大学と名古屋大学で構成）、京都大学、大阪大学に24年10月1日に運営方針会議が設置された。

　隠岐教授は、日本学術会議法の改正案が国会に提出されるか、否かが議論されていた22年12月の際も、学者やジャーナリストらと共にいち早く法改正への反対の記者会見を開き、こう訴えている。

「科学史をひも解けば政府が独裁的な方向へ進む時は、学者の任命権や発言権が真っ先に攻撃対象とされている。民主主義の危機が来ていると思う」

隠岐さんは、科学史の中でアカデミーが時の為政者たちに翻弄(ほんろう)されてきた歴史を研究し続けてきた。だからこそ、政府の意に沿うように学術会議が変えられ、大学が人類の福祉や幸福を追求する場ではなく、財界の意向に沿って稼げるような場へと塗り替えられていくことに強い懸念を示していたのだろう。

「稼げる大学」に資金を投じる

実は国立大学法人法の改正よりも前に、岸田政権は大学へ介入していた。22年5月、参議院本会議で「国際卓越研究大学の研究及び研究成果の活用のための体制の強化に関する法律案」が可決および成立している。

政府と文部科学省が新たにスタートさせた制度は、世界で最高水準の研究成果が期待できる大学を「国際卓越研究大学」と認定。新設する10兆円規模の大学ファンドの運用益のなかから研究費などが支給される。大学ファンドは科学技術振興機構が運用する。

認定される条件として、次の3点があげられた。

①高度な研究力
②年３％の事業成長が見込める事業および財務戦略
③重要な事項を決定する上での、学外者が多数を占める合議体の設置

しかし、国会審議の段階から全国の大学の教授や教職員、現役の大学生から今後を懸念する声があがった。法案の衆議院本会議での可決を前に、１７０３人から集めた反対署名を文部科学省あてに提出した研究者たちを私は取材した。

歴史社会学や現代社会論などを専門とし、大学の自治にも詳しい明治学院大学の石原俊教授は、合議体の設置をはじめとする認定条件に疑問を投げかけた。

「合議体に大きな権限をもたせる場合、教職員や学生の意見が運営に反映されないため、大学の自治が壊されかねない。総合科学技術・イノベーション会議が選考に絡むならば、研究に対する政財界の関与が著しく進み、利権の温床になるおそれがある」

静岡大学の鳥畑与一教授も、専門とする国際金融論の観点から警鐘を鳴らした。

「研究は短期的な収入のアップに結びつかない、事業性のないものが大半を占めている。数値的な目標を押しつけるガバナンスの強化をすると、本来の研究力強化とは真逆の結果が出

るのではないでしょうか」

東京大学や東北大学の学生たちが、悲壮な訴えを伝えた記者会見にも取材にいった。法案が参議院で可決および成立する直前のことだった。

オンラインで参加した東北大学の工学部の男子学生は、大学生全体の将来が危機にさらされると懸念を明かした。

「法案は学問の総合的な発展を阻害します。年3％の事業成長を望む結果、学生の授業料が増える可能性があり、そうなれば奨学金に頼らざるを得なくなり、進学をあきらめる学生が出るなど、若者の選択肢を狭める可能性もあります」

東京大学文科二類の男子学生は、大学が本来あるべき姿とは違うと指摘した。

「稼げる大学、という言葉をよこしまだと感じたのは私だけではないのではないでしょうか。大学は見識を広め、可能性を広げる場であるべきです。基礎研究や語学など、すぐには役立たない学問は大切で、ノーベル賞もそういうところから生まれたと思います」

しかし、前述したように法案は成立し、翌23年3月末日までに早稲田大学、東京科学大学、名古屋大学、京都大学、東京大学、東京理科大学、筑波大学、九州大学、東北大学、そして大阪大学の10校が公募に申請した。

文部科学省内に設けられた有識者会議が12回の会合を重ねた結果、三つの条件すべてを高レベルで満たしているとして、東北大学を認定候補に選出した。24年度中には国際卓越研究大学の第1号として正式に認定され、初年度に支給される支援金は100億円前後になるとされている。

続々と手をあげる研究者たち

200ページ～記した「安全保障技術研究推進制度」の最新の数字となる、24年度の応募および採択状況を介して日本のアカデミアが直面している状況を記しておきたい。

同制度を管轄する防衛装備庁は同年8月、防衛など軍事にも応用が可能となる、先進的な民生技術研究プロジェクトとして、203件の応募のなかから25件を採択したと発表した。このうち大学のプロジェクトは8件で、具体的には次のようになっている。

海中ロボットの協調行動を実現する広域海中電波通信の研究（九州工業大）
浅海域でのロボット遠隔操縦に向けた超音波測位システムの開発（筑波大）
金属3D積層造形を目指した高強度ナノヘテロ合金粉末の開発（兵庫県立大）
高周波・高出力ダイヤモンドデバイスに関する基礎研究（北海道大①）
揮発性有機ガスの高感度迅速検知のためのセンシング技術開発（熊本大）

摂食運動中における大脳信号を使った運動・認知のデコーディングの基礎研究（玉川大）
脳機能障害の発端となる衝撃波関連現象の解明と影響低減法開発（東海大）
過酸化水素水を用いるハイブリッドキックモータの実用化研究（北海道大②）

プロジェクトは内容によって、最大5年間で最大20億円が助成されるタイプS、最大3年間で年間最大5200万円のタイプA、同じく年間最大1300万円のタイプCに分けられる。大学プロジェクトは九州工業大、筑波大、兵庫県立大、北海道大①がタイプSに、熊本大、玉川大、東海大、北海道大②がタイプAとなった。

大学からの応募は23年度の23件を大幅に上回る44件で、これは同制度がスタートした15年度の58件に次ぐ多さとなった。さらに8件を数えた採択数は、23年度など過去4度あった5件を超えて最も多かった。タイプSも同様で、これまでで最高だった23年度の2件の倍となった。

年度ごとの大学からの応募件数を振り返ると、18年度以降の5年間は9件から12件の間で推移している。これは日本学術会議が17年3月に同制度に関して、防衛装備庁の職員が研究の進捗（しんちょく）管理を担当する点などを踏まえ、政府による研究への介入が顕著だと批判する声明を発表した影響もあり、応募そのものを自粛する状況を招いていたとみられる。

しかし、ロシア軍のウクライナ侵攻やイスラエルのガザ侵攻が始まり、軍事にも応用できる、いわゆるデュアルユースの先端技術研究が世論から敬遠される風潮が薄まるとともに、日本学術会議の方針にも変化が見られるようになった。

たとえば批判を表明したときの会長だった大西隆氏（東京大名誉教授）は24年6月、他の歴代会長とともに臨んだ日本記者クラブでの記者会見で、日本学術会議に介入しようとする政権の動きをあらためて批判するとともに、安全保障技術研究推進制度へ向けられた先の声明に次のように言及している。

「日本学術会議の指令に、それぞれの研究の現場が従う仕組みではない」

アカデミアのベースには、あくまでも現場の自主的で自由な判断があると強調された。そこへ国際情勢が大きく変わり、政府が軍事予算を大幅に拡大させていくなかで、より多くの大学が安全保障技術研究推進制度を活用して、より高度な研究を進めるうえで助成金制度の恩恵を受けたいと望むようになった。

日本学術会議が歩んできた歴史は十分に理解している。一方で研究には潤沢な資金が必要不可欠となる。理念と現実の狭間（はざま）で、日本アカデミアも揺れている。

総仕上げはアカデミアの掌握

軍産複合体という言葉がある。軍需産業を中心とした企業、軍隊、そして政府が形成する連合体を指す概念として用いられてきた。そして、軍産複合体を支持母体として台頭し、莫大な利益をもたらそうとする政治家がいつの時代も必ず現れてきた。アメリカが世界のどこかで、絶えず戦争に加担してきた理由といってもいいだろう。

そして、第一章から記してきたように武器輸出の解禁を介して軍需産業を育て、さらに軍事研究や安全保障研究を進めたい自民党政権のもとで、日本では軍産複合体に「学」を加えた「軍産学複合体」が生まれるのではないかと私は危機感を覚えている。

実際、岸田政権のもとで軍需産業を優遇する環境が次々と整えられている。

たとえば23年6月に成立し、10月から施行されている「防衛生産基盤強化法」は、いわば軍需産業を育てるための法律だ。この法律により、武器を生産する施設で事業継続が難しくなった生産ラインの国有化や、施設そのものの国による一時的な買い取りが可能になった。

24年5月の参議院本会議では、セキュリティー・クリアランス制度の導入が盛り込まれた「重要経済安全保障情報保護・活用法案」が可決および成立した。

セキュリティー・クリアランス制度とは、機密情報にアクセスできる権利を、国が信頼性を確認した人間だけに限定するものだ。

この法案が成立する意義を、第二章でも登場したアメリカの大手軍事企業の幹部が、私の取材のなかで次のように言及していた。

「セキュリティー・クリアランス制度が導入されれば、海外の企業と情報のやりとりができるようになる。日本は民生用途でも秘密を担保する制度がなかったので、防衛企業だけでなくアカデミアでも、世界の技術者との会話に入っていけなかった。その意味でも、セキュリティー・クリアランス制度の導入ははじめの一歩になる。

アメリカ政府は技術の流出に縛りをかけていて、簡単には第三国へ輸出できない。設計図も共有できない状況もあり、日本はアメリカとの次期戦闘機の共同開発をあきらめた。ただ、アメリカの防衛産業もサプライチェーンが弱体化している。だからといって、中国に由来するものは使えない。生産のキャパシティーを増やしたい状況下で、法整備が進んだ日本の環境は歓迎されると思う」

政府にとって総仕上げとなるのが日本のアカデミアの掌握だろう。本章で記した動きを見れば、それが絵空事ではないとおわかりいただけると思う。

さらに第三章では、軍産学複合体にメディアも望んで加担している驚くべき実態を伝えた。ロシアのウラジーミル・プーチン大統領は00年に初めて就任した直後に、3大テレビ局をすべて国有化。電波を通して、強い指導者像を国民の意識のなかにすり込んだ。最近ではウクライナ侵攻を肯定する歴史教科書を新たに採用するなど、子どもの段階から政権のプロパガンダを徹底して独裁色を強めている。

手段こそ異なるものの、ロシアと安倍政権以降の歴代自民党政権は、メディア支配とアカデミアへの干渉という共通点がある。

ウクライナへ一方的に侵攻したロシアはポイントオブノーリターンを越えた。かつては日本もポイントオブノーリターンを踏み越えて、敗戦という結末を招いた。

アカデミアもメディアも、そして政治家も、大いなる反省に立って、戦後の歴史を築きあげてきたのではなかったのか。あらためて過去に学ぶのか、それとも——。私たちはいま、大きな岐路に立たされている。

第六章

記者として、そして一人の人として

数年ぶりの再会

励みになるうれしい再会があった。

東京都千代田区の専修大学神田（かんだ）キャンパスで、24年4月に行われたシンポジウム。会場を埋めた約200人の聴衆のなかに、かつて私が地方で行った講演を聴いてくれていた女性がいた。

講演そのものは6、7年前だったと思う。当時は中学生だったその女性は津田塾大学の2年次に進級したばかりで、しかも大学では「メディアを含めて、いろいろなことを研究しています」と語ってくれた。

すぐに変化が見えなくても地道に伝え続ける。東京新聞の記者の仕事をしながら、個人のSNS、「Arc Times」、講演などでも発信してきた。

一つ一つは小さな「点」だ。それでも「点」と「点」がつながれば「線」になり、何本もの「線」が束ねられることだってあるかもしれない。そんなことを想像しながら思いを伝え続けてきた。

私の講演を聴いた中学生が、世の中の変化に対する関心を持ち続けて大学生になり、日曜日のシンポジウムに足を運んでくれた。声が届いただけでなく、多感な数年間にわたって思いを共有できていたのかと思うと無性にうれしかった。

このシンポジウムを主催したのは市民グループ「平和を求め軍拡を許さない女たちの会」で、私もメンバーの一人だ。

実は会の一員になることにためらいがなかったわけではない。記者として、取材して記事にして発信するのが自分の役割であり、その後は受け取った方それぞれに考えてほしいからだ。

自制していてもなお、私の発言や記事などをもってSNSで「活動家」と揶揄する人もおり、自分では慎重にしていたつもりだ。講演やシンポジウムに招かれていろいろと話すのはありでも、特定の団体のなかで活動する自分の姿はなかなか想像できなかった。

そんな私が方針転換して会の一員になった。しかもこの会は私も立ち上げの一端を担わせていただいた。

きっかけは本書で述べてきた安保三文書の改定だ。軍拡へ前のめりになっている政権の姿勢にこれまでになく危機感が募り、落ち着かない気持ちになった。これまでの手段のほかに、それを伝える手立てはないだろうか。

そんなときに突然、ジャーナリストの鳥越俊太郎さんから連絡が入った。鳥越さんとはYouTube番組で2回ほど対談したことがあったが、電話をもらったのは初めてだ。

「とんでもない流れになってきた。何かしたいと思っているんだけど、たとえばジャーナリスト有志で反対の声をあげないか」

何かしなくては、と思っていた私は二つ返事で快諾した。会社の許可が必要だったが、事後報告でも大丈夫だろうと判断して、声をあげる一人に加えてもらった。

鳥越さんといえば、ジャーナリストである一方で、16年2月、放送局の電波停止に言及した高市早苗総務相に対して、公然と異を唱えたことを思い出す。ジャーナリストの田原総一朗、青木理、大谷昭宏、金平茂紀、岸井成格の5氏と連携し、日本プレスセンターで行った記者会見で「大臣の発言は憲法や放送法の精神に反している。私たちは怒っている」と非難した。

当時と同じように、岸田政権に真正面からNOを突きつけようとしている。16年のかつての同志たちにも再び声をかけると言っていた。

しばらくして、再び鳥越さんから連絡が入った。受話器の向こう側からは、私の予想に反する言葉が返ってきた。

鳥越さんの声のトーンは、明らかに落胆したものだった。

「誰も賛同してくれないんだよ」

高市氏による停波発言の記者会見から7年がたとうとしていた。いったい何があったのか。

「ある人からは俺たちみたいな高齢の男性が何かを主張しても、もう世の中は誰もついてこないと言われたんだよ」

そこで私はこう提案した。

「女性のジャーナリストたちへ声をかけてみます」

ターゲットを定めて

まず連絡を入れたのは、フリーランスライターの和田靜香（しずか）さんだった。和田さんは、中高年のシングル女性の貧困やジェンダー、そしてフェミニズムなどの分野で執筆をつづけ、立憲民主党の衆議院議員小川淳也（おがわじゅんや）氏の取材協力をえた著書『時給はいつも最低賃金、これって私のせいですか？』が話題となった方だ。

私が状況を話すと快く賛同してくれた。メンバーを女性に絞った方が新しさがあり、訴求力が高まるのではないかと話した上で、和田さんと手分けし、それぞれのつてを当たった。

私は、法政大学前総長の田中優子さん、社会学者の上野千鶴子（うえのちづこ）さん、人材派遣会社「ザ・アール」創業者の奥谷禮子（おくたにれいこ）さんへ連絡を入れ、参加を快諾していただいた。弁護士の杉浦ひとみさんや日本女医の会会長の前田桂子さんも加わってくれた。さらに奥谷さんと親交が深かった漫画家の東村（ひがしむら）アキコさんにも参加していただけることになった。東村さんは『かくかくしかじか』や『主に泣いてます』など、数々の傑作を発表していて、私も作品を読んだことがあったのでとてもうれしく思った。

輪がつながっていくなかで、23年1月11日に「平和を求め軍拡を許さない女たちの会」が立ち上げられ、オンラインでの署名活動がはじまった。会ができるきっかけになった鳥越さんのほか、金平さん、元文科事務次官の前川喜平さん、弁護士の神原元さん、東京大学教授の隠岐さや香さん、三上さんらが署名者に名を連ねてくれた。

設立から約1か月後には記者会見を行い、呼びかけ人の10人が登壇した。私は登壇せず、運営を手伝う側に回った。

会見のテーマには会を立ち上げた理由を掲げた。

「#軍拡より生活　子どもたちの未来へ平和を!」

会見の冒頭では、わずか1か月弱の間に集められた約7万5000筆の署名が、立憲民主党、共産党、社会民主党、れいわ新選組、NHK党(当時)、日本維新の会の国会議員や党関係者へ手渡された。自民党と公明党は所属議員も関係者も出席しなかったため、追ってそれぞれの党本部を訪ねて署名を届けた。

続いて登壇者がそれぞれの思いを語った。ほとんどが改定された安保三文書に明記された、23年度からの5年間で総額43兆円に膨らんだ防衛費を取り上げた。

代表に就いた田中さんはこう語っている。

「有事への過程がまったく説明されないまま、政府は防衛費43兆円を国民に準備させようとしています。この戦時体制は国民生活を追い詰め、日本をさらなる少子化へ導くでしょう。大学までの教育費の無償化を実現できれば、安心して子どもを産み育てられます。日本の将来を担う世代を育てるための財政支出こそ緊急に必要です。

少子化の上に深刻な気候変動まで重なっています。これから飢饉や水不足で、さらなるパンデミックが起こりかねません。戦争をしている場合ではないんです。真に必要なことをせずに軍拡に走れば豊かになるどころか、日本と世界を滅ぼす道だと思います」

上野さんは静かな口調に思いを込めていた。

「最近では『安倍首相が生きていたら、ウクライナ侵攻を奇貨として一気に改憲にもち込んだのではないか』といった声も聞かれますが、もはや改憲の必要さえなくなってしまった。解釈改憲で好き放題にできる状況を私たちは目の前でまざまざと見せつけられ、他方で守るべき国家も国民もやせ細っています。異次元の少子化対策と言いながら、財源の手当は一向に論じられていません。本気度はまったく感じられません。人間の安全保障なくして、国家の安全保障はない。それを強く訴えたいと思います」

奥谷さんはビジネス界の視点から、日本の現状と将来に警鐘を鳴らした。

「はっきり言って、いまの日本は経済力がどんどん落ちてきています。産業の工業力もどんどん低下しています。それはなぜなのかと言えば、人材の能力がどんどん低下してきているからです。だからこそ、教育への投資が重要になってきます。少子化対策うんぬんが言われています。学費無償化はもちろんですが、子どもたちに対して明るい将来という絵を何も描けていないのが、この国の一番の不安です。さらに富国強兵よりも富国強靱、要するに人材投資を進めていくべきだと思います」

次は東村さんだ。職業柄、自宅で朝から晩までテレビをつけながら漫画を描いているという。

「私たちが払った税金でミサイルを買うのですか、といった思いですし、テレビのどの番組を見ても今回の改定に関する議論をやっていない。私のように普段は有識者のみなさんの意見、といったものにたどり着けないライト層にとって、いつの間にか決まっている状況は恐怖という言葉がぴったりと当てはまります。

日本の大きなターニングポイントだと感じて、この活動に参加させていただきました。メディアのみなさんにはせめて、この議論を世の中に広めていただければと思います。何も知らない普通の方々が、まだまだたくさんいらっしゃると思うので」

そして和田さんは、数年前まで本業のライターと非正規のアルバイトの両立で暮らしていたと述べた上で、税金の無駄遣いをやめてほしいと訴えた。

「防衛力強化資金に23年度の当初予算で3兆3806億円が繰り入れられる、といった話を聞いて、本当に頭がおかしくなりそうでした。そんなところにお金を入れないで、私たちの生活のために使ってください。私たちも生きていけないんです。勝手なことをしないでください。よろしくお願いします」

メンバーたちのひたむきな姿勢に励まされて

同年6月4日には、東京都内で最初のシンポジウムを開催した。

国際政治学や比較政治学などを専門とする藤原帰一（ふじわらきいち）さん（東京大学名誉教授）をゲストに迎えた基調講演に続いて、田中さん、上野さん、奥谷さん、そして藤原さんによるパネルディスカッションを開催。司会を私が務めさせていただいた。

10月には2回目のシンポジウムを東京都内で開催した。

ゲストには、元経産官僚で政治経済アナリストの古賀茂明さんを迎えた。基調講演で台湾有事に対し「これを盛んに言うのは中国でもアメリカ政府でもなく、アメリカの軍人です」と述べ、次のような懸念を示している。

「台湾有事が盛んに言われるのは、第二次安倍政権下でメディア支配が進んだことも大きい。

岸田首相はどこまでもアメリカとともに戦争に向かおうとしている。ただ、戦争になる前に日本の財政が破綻する可能性が高い」

実は2回目のシンポジウムを前にして、私は会のメンバーとして活動を続けるべきかどうかで悩んでいた。

当時は旧ジャニーズ事務所の創業者、ジャニー喜多川氏（故人）による性加害問題の取材で日々、奔走していた。東京新聞の記者として記事を執筆するだけでなく、「Arc Times」での配信も重なり、手が回らなくなることが増えていたからだ。

ただ、2回目のシンポジウムでみなさんと話し、迷いは吹っ切れた。会のメンバーとしての活動をこれからも続けていこうと思えた。

私をあらためて初心に立ち返らせてくれたのは、他のメンバーの方々が見せる、ひたむきに前を向く姿だった。だれもが仕事や家のことなどを抱えている。

たとえば東村さんは2回目のシンポジウムでのパネルディスカッションで、会への参加によって起きた変化について話してくれた。

「漫画家はノンポリというか、右も左も関係ないエンタメ的な作品を描いて、みなさんに喜んでもらう職業ですよね。このような団体に参加する方もあまりいないなかで、私に対してはいろいろな反響がきました。あくまでも私の印象ですけれども、要するに攻撃してくる方は仕事があまりうまくいっていないとか、あるいはやりたい仕事をやれずに何か悶々（もんもん）としている若い世代という感じがするんです」

ＳＮＳ上で非難された、というのだ。東村さんはさらにこう続けた。

「漫画家は世の中の、特に若い世代のムードをもっとも身近に感じて、その子たちが喜んでくれる作品を描く職業でもあります。それが最近の10年くらいで、ムードが変わってきました。平たくいうと、男の子たちが戦争をしたがっている。漫画を描く側も、戦争を念頭に『日本もけっこう強い』などと言う方々が増えている。

なぜだろうと考えていましたけど、これはシンプルに若い世代が貧乏になりすぎた面があると思います。要するに『こんな国、めちゃくちゃになってもいい』と考えるようになる。そうしたムードに流れていくのを止めるための何かを、漫画家として、そして一人の文化人として探していかなければいけないと思っています」

声をあげつづけること

３回目のシンポジウムを前にして、沖縄から大きなニュースが飛び込んできた。

防衛省がうるま市石川（いしかわ）のゴルフ場跡地で進めていた、陸上自衛隊の訓練場を新設する計画を断念すると発表したのだ。シンポジウム３日前の24年４月11日のことだった。

22年12月の安保三文書の改定で、那覇駐屯地に設置されていた第15旅団は師団への格上げが決まった。人員を含めて規模が増強される。そのため、沖縄本島内に新たな訓練場が必要となり、防衛省は東京ドーム約4個分にあたる20ヘクタールのゴルフ場跡地を24年度に取得し、25年度に調査設計を進め、26年度中に着工する計画を立てていた。

用地取得などが盛り込まれた24年度予算によってこの計画が明るみに出ると、周辺住民からうるま市をへて沖縄全県へ、懸念や反対の声が広がっていった。その声は、世代や保守革新の垣根をも越えていた。

木原稔防衛相は11日に開かれた臨時記者会見で、うるま市の整備計画そのものの白紙撤回を表明した。

整備予定地と住宅街が道路を隔ててわずか10ｍしか離れておらず、多くの子どもたちが宿泊学習で訪れる石川青少年の家との距離も、もっとも近い場所で15ｍだった。安全面のリスクが排除されなかった点が人々の声に結びついた。

沖縄県内では、地元紙の沖縄タイムスや琉球新報で一面トップ、社会面などで大きく報じられたこのニュースだが、本土にも同じように伝わったとは言い難かった。会の3回目のシンポジウムで、三上さんが一面で報じる地元紙を持参して、そのことを紹介すると、聴衆からは拍手と歓声がわき上がった。

声をあげ続ける大切さを、私自身もあらためて感じた。

東京都でも24年1月に、ミサイル攻撃などの有事に備えた地下シェルターを整備する方針が固められた。都営大江戸線の麻布十番駅の構内に設けるという。ミサイル発射を繰り返す北朝鮮や、台湾有事が念頭に置かれているのはいうまでもない。

大切なのは地下シェルターの設置ではなく、地下シェルターを必要としない安全保障環境だろう。そのためにも、たとえ小さくとも声をあげ続け、それらを束ねてうねりを作っていきたい。

東京都は麻布十番駅に次ぐ地下シェルターの候補地も選定しはじめている。防衛省に計画を断念させたうるま市や沖縄県の姿を励みにして、本当の意味での平和を自分たちの手でつかみ取る力に変えていきたい。その意味でも、会での活動を続けてよかったと心の底から思っている。

おわりに

所得税の増税決定は先送りされたものの、2026年4月から法人税とたばこ税に防衛増税分が課される。そんなときに「年貢の納めどき」なんて表現は不穏当かもしれないが、24年9月から夕刊担当のデスクになった。これまで取材と記事執筆ばかりに集中してきた私は、他人の原稿を監修したことがなく、デスクワークはまったく自信がない。夫からは「大丈夫か？」と心配され、先輩からも「会社も冒険するねぇ。笑っちゃったよ」とメールが来た。こっちだって笑っちゃうよ。

年次の近いほかの記者はデスクや警視庁や検察庁といった大きなクラブのキャップを務め、部下の原稿をみたり、若手を指導したりしている。私だけずっと現場取材を続けるなんて、ぜいたくだよな……。そう納得してはじめたものの、やはり慣れない仕事にあわてた。「2本の原稿をまとめた前文（記事冒頭のリード文）を作って！」と夕刊の締め切り間際に整理部デスクから発注を受け、冷や汗をかいたこともあった。

こういう仕事の大きな変化は2回目だ。13年に二人目の子どもを出産し、14年に経済部に復帰した。当然、当局や政治家の動きを追うような朝方や夜中の取材はできない。もどかしい思いを抱えていたとき、富田光部長（当時）が振ってくれたのが武器輸出解禁のテーマだった。

それから月日が流れ、本書に記したように状況は大きく変わった。アメリカからライセンス生産を任されているパトリオット・ミサイルは、ウクライナやガザの紛争で在庫が枯渇している同国に輸出されることになった。24年3月にはイタリアやイギリスと共同開発が進む戦闘機の輸出も「二重の閣議決定」を条件に容認された。

いまの日本は「安全保障環境が厳しくなった」という言い訳をしながら、武器を開発・輸出する「軍産複合体国家」に向かっている。タモリさんがテレビ番組で言った「新しい戦前」がはじまりつつあるのだ。私たちはこれにどう抗えばいいのか。『武器輸出と日本企業』を刊行したときと違うのは、現在の石破政権も、社会も、「軍拡やむなし」の空気が流れていることだ。戦争反対の声が国会内外で言われることも少なくなった。

ウクライナをロシアが侵攻し、イスラエルのガザ地区ではハマスによる襲撃の報復としてネタニヤフ政権は４万１０００人を超える市民を殺害している。日本でも他国や他民族を敵視・蔑視する問題についてのニュースが目に付く。この混沌とした世界に希望を持つのは難しいのかもしれない。でも、平和を維持するためには歴史に学び、現在の状況を客観的に判断し、声をあげていくしかない。

日本被団協は24年のノーベル平和賞を受賞した。代表委員の田中熙巳さんは、授賞式で次のように述べ、力強く核兵器全廃を訴えた。

「依然として1万2000発の核弾頭が地球上に存在し、4000発近くの核弾頭が即座に発射可能に配備がされている。『核のタブー』が壊されようとしていることに限りない悔しさと憤りを覚えます。核兵器は一発たりとも持ってはいけないというのが原爆被害者の心からの願いであります」

そして1994年に制定された被爆者援護法に触れ、「日本政府は一貫して国家補償を拒んでいると政府を正面から批判した。田中さんたちが訴えてきた平和を、私たちはしっかりと引き継がなければならない。


この本をまとめるにあたり、与那国町の田里千代基町議、民宿さきはら荘の狩野史江さん、石垣島の山里節子さん、映画監督の三上智恵さん、東京新聞の菅沼堅吾前代表、大場司東京代表、中村清編集局長、飯田孝幸局次長、安藤涼社会部長、小川慎一デスク、梅野光春デスク、Arc Times の尾形聡彦編集長、林優果さん、尾形薫子さん、そして、いつも時事にそって適切なアドバイスをいただいている角川新書の編集者の堀由紀子さん、編集協力の藤江直人さんには、心より感謝を申し上げます。何より、この本をお読みくださった読者の皆さま、ありがとうございました。

今後も皆さんのご支援を糧にさらに日々の取材を重ねて子どもや若者が、平和の中で安心して暮らしていけるような社会になるよう取材、執筆、発信を頑張っていきます。

望月衣塑子

2025年1月6日

望月衣塑子（もちづき・いそこ）
1975年、東京都生まれ。東京新聞社会部記者。慶應義塾大学法学部卒業後、東京・中日新聞社に入社。千葉、神奈川、埼玉の各県警、東京地検特捜部などを担当し、事件を中心に取材する。経済部などを経て社会部遊軍記者。2017年６月から菅官房長官の会見に出席し、質問を重ねる姿が注目される。そのときのことを記した著書『新聞記者』（角川新書）は映画の原案となり、日本アカデミー賞の主要３部門を受賞した。著書に『武器輸出と日本企業』『報道現場』『同調圧力（共著）』（以上、角川新書）、『自壊するメディア（共著）』（講談社＋α新書）など多数。

軍拡国家（ぐんかくこっか）

望月衣塑子（もちづきいそこ）

2025年 2月 10日　初版発行

◇◇◇

発行者　山下直久
発　行　株式会社KADOKAWA
〒102-8177　東京都千代田区富士見2-13-3
電話　0570-002-301（ナビダイヤル）

装丁者　緒方修一（ラーフイン・ワークショップ）
ロゴデザイン　good design company
オビデザイン　Zapp!　白金正之
印刷所　株式会社暁印刷
製本所　本間製本株式会社

角川新書

ISBN978-4-04-082480-2 C0236